はしがき

東京大学大学院人文社会系研究科には、「多分野交流演習」というものがある。文字通り多分野の先生方、それも学外の方と学内で他研究科の方を多数お招きして参加していただき、共通の主題で行う演習形式の科目である。その中で、環境を主題とした演習は今年（二〇〇五年）で六年目になる。最も息の長いものである。毎年、切り口を変え、顔ぶれを少しずつ入れ換えてきた。学生側は当初は大学院博士課程在籍者だけ、次に修士課程在籍者にも枠が広げられ、更に、応用倫理プロジェクトへの協力ということで学部生の参加も認めるという、変遷の経緯もあった。そして、人文社会系研究科や文学部の学生だけでなく、他研究科、他学部の学生の参加がみられるのも、この演習の特徴である。

演習は、隔週または月に一回、夕方から夜まで行うという日程でこなしていたが、二〇〇四年度は、九月の集中講義期間に設定した。さまざまなお仕事をもっておられる先生方にどの回もご出席いただくのは、従来の日程では無理があったからである。結果は、ちょうど連続シンポジウムのようなものになって、密度の高い、熱気溢《あふ》れる演習となった。副題とした切り口は「安全を求めるということ」であった。本書は、第2章を除いて、そのときに討論の叩き台としてご報告いただいたものの記録である。（執筆時期の関係で、演習時より新しい資料も用いた論稿もある。）質疑応答、討論そのものは、残念ながら記録に残すことはできなかった。

第2章について一言する。これは初年度である二〇〇〇年の演習時に、当時は新領域創成科学研究科に所属しておられた佐藤宏之氏がなされた報告の内容である。従って、二〇〇四年度の副題にある、「安全」という切り口から環境が論じられたものではない。しかしながら、内容からいって、動物としての人間がいかに環境に適応して進化してきたか、という基本問題を扱った論稿であるゆえ、本書に掲載することが適切だと考えた。佐藤氏も快く賛同してくださった。動物が環境に適応しつつ変化するというのは、みずからをさまざまな環境変異がもたらす危険から守るための最良の安全策を求めての、しかしながら致命的危険をおかす可能性も伴う冒険であろう。このように、安全を求めることと冒険をなすこととは対立するばかりのことではない。

松永　澄夫

環境　安全という価値は……／目次

挿絵　佐野はるか

環境　安全という価値は……／詳細目次

環境　安全という価値は……

第1章
安全を求める人々の営み

松永　澄夫

1　さまざまな価値に浸透された環境

(1) 自然環境と人工環境

「環境」という語を聞けば、「守るべきもの」と応じる、あるいは、「悪化」という言葉を想い浮かべてしまう、このような観念連想のうちにあるのが、今日の私たちである。この連想を支配しているのは、自然についての或るイメージであり、その自然に対する人間の関わり方についての或る反省である。

他方、たとえば人が新しく住居を定めようとするときなど、自分の住環境として真っ先に考えるのは、交通の便であり、日常の買い物の便である。そして、そのとき、住まいに電気がきていて、水道か井戸があり、排泄物《はいせつ》とゴミの処理が問題なく行える、という条件は、わざわざ考えなくても実現されているのは当然だ、という意識がある。オール電化の家に住むのだから、ガスの供給は受けられなくてもよい、という人もいるだろうが、いずれにせよ、熱源の問題もクリア済みというのは、敢えて頭を悩ませなくてもよい、自明のことだと思っている。そういう社会に私たちは住んでいる。そうして、人によって、その生活の具体相に応じて、子供の教育環境が大切だと思ったり、教会を必要と考えたり、景観を重要視したりなど、実にさまざまな事柄を価値判断の対象とする。

では、このような関心の際に、自然という要素はどのような位置を占めているのか。

暖かい土地柄だとか、雪が降るとか、曇り空が多い、そのような気候のことを、喜んだり残念がったりするであろう。海辺だとか高原であることを喜ぶかも知れない。とはいえ、どの地方に住むのか、それは大抵は仕事などの関係で選択の余地なく決まっていて、そこで地方の気象や地勢などの自然条件はどのみち所与の事柄として受け入れるのだから、更《あらた》めて検討しない、というような事情になっている場合は多いであろう。選択に直結する考慮としては、崖地は避けたい（いや、見晴しがよいから探したい）とか、風が通る場所や日照の良い土地が望ましいとかの、幾つかのことがあるであろう。ただ、人が住む場所の候補として上がってくるのは既にして、そこに家を建てるなどのことができるという条件を自然の側の有りようにおいてクリアしたものである。（そして、先進国などでは、安全等を顧慮して、住居を建ててよい場所かどうか、法例で定めたりさえする。）

もともと、森に棲《す》む獣、海岸の絶壁の途中に巣作りをする鳥、水中、川底の泥の中、海辺の砂浜に生きる魚や虫や貝など、或る特定の自然の条件の中で特定の種類の動物が生存している。動物が自分の栄養を結局は依存する植物も、種ごとに特定の自然環境の中で生を営む。人間という生き物、動物も、たとえば水中や地中では生きてゆけず、或る基本的条件が調《ととの》った自然環境の中でしか生きられない。そして、どの生物種とも同じく、生存可能な特定の自然環境の中でも、より有利な場所とそうでない場所との区別があり、また或る条件に関しては申し分ないが別の条件については劣悪さに甘んじなければならない環境である、といったことがある。

自然環境は、第一には、人間の生物としての論理が尺度になって幾つもの側面において評価されるものとして、価値に浸透されてあるはずのものである。

ところで、或る人は森の中に住み、別の人は森の外に住む。温帯でも熱帯でも、極地でも砂漠でも、沼の中の浮き地の上でも、人は暮らしている。特定の自然環境という制限をかなり乗り越えたかのごとくである。この理由には、人の適応能力が高いということもないわけではなかろう。が、自然という基層の上に人工の環境をつくることによって、人は生活の場を拡げてきた。（人工環境とは、獣や鳥がねぐらや巣をつくる、ときにビーバーのようにダムまでつくってしまう、それと同じように、人間が活動結果として生み出すものだ、と考えれば済むものではない。道具などを使ったずっと大規模な変化ということもある。が、より重要なこととしては、個体ごとに遣《や》りなおすのでなく、先人の活動成果を引き継いで、次々に人の手を加えてゆく、そのようにしてできあがるもの、歴史を生み歴史を引きずる人間の活動所産が問題である。）そして、今日の私たちが自分の住まいを選ぼうとして、その住環境を考えるときには、或る自然条件が満たされた上でそこに人々がつくってきた人工環境のことしか想い浮かばないほどである。

しかも、私たちの生活の場とは、他の人々の活動を当てにして初めて自分が生きてゆける場所なのであって、私たちの関心は自然という大きな基礎となっている枠組みから、社会的な環境の方へと重点を移す、これが実際なのである。

そこで、自然を改変したものとしては物的なものとしてイメージされる人工環境とは、社会の有りように従ってつくられてきたものであり、いつも社会環境と融合したものであることも忘れてはならない。（たとえば道路は、人や物資の移動に便利な物的人工環境であるが、その利用仕方や管理・維持の体制などが社会的に決められている、社会的な財である環境である。）そして、仮に手付かずの自然が残っていた場合でも人々は自然に直接に向きあうわけにはゆかない。人の秩序を媒介にしてしか自然との関わりに入ってゆけないのである。(たとえば所有権が設定されている。現在のメキシコに、かつてスペインの兵士が入っていって、「皇帝カール五世陛下の名において目の前にあるものすべてを領有することを宣言」したそのことだけでもって、自然の何ものも変えずに、その土地と関わりをもとうとする当時の人々はスペインという国と皇帝のことを考慮せずにはいられなくなった、こういうことがあるわけである。)

(2) 厄災・危険と安全

さて、人々が人工環境をつくるにあたって考慮してきたのは、安全であり、快適さであっただろう。安全は本来は消極的な概念である。というのも、安全の具体相を考えようとすると、さまざまな危険を想い浮かべ、それらの危険がすべて無い状態だと考えるしかないからだ。そして、危険のさまざまとは、未来に生じ得る厄災《やくさい》のさまざまによって規定されるしかなく、その厄災が降りかかる確率や時間的切迫度に従って、危険の度合いを言うことができる。そうして、あらゆる厄災の危険度ゼロが安全のことだ、と言ってもよく、ここに、危険概念の安全概念に対する先行性がある。同時に、時間契機を長くとればとるほど何でも起きないとは限らないということになり、どんな厄災という事柄もその生起の確率ゼロというのはありそうにないから、安全とは、理念上はともかく、現実にはいつでも相対的な安全——危険度が非常に小さい状態——としてしか実現しないことが理解できる。

では、未来に起こり得る、厄災とは何か。また、未だ生じていない厄災に関心をもつとはどのようなことか。

既に、我がこととしてではなくとも誰かの身には生じたとして知られている事柄、もしくはその事柄から類推などを通じて想像できる事柄で、避けたい事柄が問題であろう。そもそも、全くの無を材料に特定の厄災を具体的に想い浮かべることなどできないのである。それで、何を避けたいか、もちろん人によって違おうし、避けたい程度も違うだろう。とはいえ、私は、根本的な厄災の種類を、人の生の論理から導けると思う。

2　厄災の種別

(1)　突発的な死、負傷、病気、必要物の欠如、拘束

①当然に訪れるはずの死ではない死、つまり、老衰し寿命が尽きることによってやってくる死ではなく、突発的に、外部からもたらされる死、それから、②肉体の負傷、これらは、生命の順調な活動からすればその阻害であり、生命自身を判断基準として負の事柄、だから避けることができるなら避けたい、厄災という性格をもつ事柄である。

次に、③病気という事柄がある。ただ、一つには、慢性病と称されるものと健康との間の線引きの困難さという問題がある。それから、内因性の病気の場合、遺伝とか生活習慣とかから判断して罹《り》病《びょう》の危険を指摘することはできるにしても、反対の、罹病可能性を免《まぬが》れているという安全（ないし

安全への試み）を主張することには無理がある。根拠を明示できないからである。そこで、伝染病のようにはっきりと外因性であることが分かり、それまでの健康な生活を激変させるような明らかな病気の場合にのみ、これが降りかかる危険という概念と罹病からの安全といった概念は明確に機能する。（また、②として挙げた負傷が病気の原因になることもある。なお、病気は障害とは区別しなければならない。）

④外部からの作用のうちにある危険でなく、生きてゆく上で必要なもの（たとえば食べ物）が手に入らないという危険もある。

最後に、⑤外部からの打撃によって死に至らされるわけでもなく、負傷したり病気したりするのでもなく、また食べ物などの必要物も不足していず、従って肉体の内的な生命活動そのものは順調な営みが許されていても、なお厄災としてとらえるべきものがある。拘束されることがそれで、これは、外的事象との自発的な関係構築の阻害として、生命活動の十全な発現を基準にすれば負と評価し、避けたい厄災とすべき論理がある。

(2) 二つの危険なもの——自然と人間

人が一生、怪我も病気もせずに済むということはあり得ない、こう私たちは思っている。けれども他方、大きな怪我たる負傷や重い病気、それから上に列挙したその他の厄災は、やはり招かれざる客であり、うまくすれば遭《あ》わずにすませ得るかも知れない相手であると、こうも思っている。実際、それらに見舞われる可能性の高さ、つまりは危険度というものは状況によってまちまちなのであり、だから、厄災をもたらす可能性のあるもの、すなわち危険の源泉を見きわめるなら、人は比較的に安全に生きてゆけるのかも知れない。

しかるに人間にとって、自然（A）と他の人間（ないし人間集団）（B）が、恵みであると同時に危険なものともなり得る。

自然はまず食べ物と水を与えてくれる。排泄物を処理してくれる。けれども、人は必要物を求めて自然の中を歩きまわらなければならない。そこでは、（A1）危険が待ち受けている。たとえば沼辺の底なし泥土、海の大波、熊、野茨《のいばら》の刺《とげ》。出口なしの大穴。そして、（A2）向こうからやってくる、逃れられないもの、台風、地震、火山の噴火など。その他、（A3）A1、A2のいずれの性格をも分け持つ中間的なもの、たとえば人家を襲う狼とか、伝染病のようなもの。

他方、人は食べ物の供給などで他の人々を当てにするが、半面、（B）人は強盗となり、奴隷狩りの男、殺人者などともなる。

また、先に挙げた④の危険は、欠如であるゆえ、（C）欠如の状態をもたらすものが、危険の源泉と言えなくもないことになる。（C-A）飢饉（あるいはむしろそれをもたらす異常気象）、（C-B）失業、援軍を阻《はば》むものなど。

(3) 危険なものを取り除く・脅威に対抗しようとする

さて、人は危険にどう対処してきたか。それを私は先に、自然との関係では人工環境をつくることによって、と指摘しておいたのだった。今は、危険の源泉の種類ごとに考えてみよう。そして、その対処が新たな危険を産み出す可能性のことも考えたい。――ただ、とすると、危険の源泉として、先に列挙したものに加えて、（D）或る危険への対処すなわち安全を求めようとすること自身をも、挙げねばならない。一般に良かれと思って為《な》すことが別のところでは禍《わざわい》をもたらすということは日常茶飯だが、特に、今日クローズアップされている環境問題は、この構造に関わっているからである。

（A1）自然のうちに潜み、人間の活動次第では人間に打撃を与えようと待ち構える危険というものなら、それに人が近づかなければ済む、ということがある。人を引きずり込みかねない泥地には近寄らなければよい。

けれども、人は、泥地の先の沼では魚や水鳥が獲《と》れるから、などの理由でそこに分け入ってゆく。板を差し渡したりして、危険を減らす。また、泥地や沼を干拓し、畑に変えてしまったりもする。危険であったものを、むしろ有用なものに変える。

多くの動物にとって、自然の恵みを受け取る活動が、自然に潜む危険に身を曝《さら》すこととなるのは、元々しばしば避けられないことなのであろう。危険を冒《おか》さずに済むというのが虫のいいことなのかも知れない。だから、人間も、危険なことの遠くに身を置くというふうには生きてこなかった。それどころか、本来の生存圏内に留まれば直面するはずのなかった大きな危険をものともせずに、活動範囲を拡げていき、ただ、それぞれの危険を減らす努力をしてきた。

たとえば陸の哺乳類としての人間という動物種には荒い外海は縁がなかったであろう。外海が危険であるというのは、人間が敢えてそこに乗りだすからである。けれども、現実として、人は船をつくって荒海に向かう。船は、人間の肉体にはなかった移動手段であると同時に、海の上に出現させられた、しばしの小さな人工環境、その外の海よりは安全な環境でもある。

（A2）人は、馴染みの、普段は安全と思われる場所にいてさえ、ときに地震や台風など、生命を奪うか肉体を傷つけるかするもの（ときにどこかに閉じ込めるもの）に襲われる。そして、そのように危険なものの力が圧倒的なものとして現われるとき、自然は脅威として経験される。

たとえば、砂浜の貝の切片は、裸足で踏むと足の皮膚を切る危険なものであるが、それを脅威とは感じない。注意することによって皮膚を傷つけずに済むし、切片を集めて穴に埋めるなどして処理することもできるからである。そして、少なくとも一時的には安全な浜辺を、狭い範囲であれ確保することができる。けれども、竜巻とか地震に襲われるとき、人に何ができるか。それは幸運な場合でもただ遣《や》り過ごすしかない、脅威である。

このような脅威に対して、人は、せめてその到来を予知しようと努力してきた。実際、今日の私たちは、たとえば台風なら、その強さなどの特徴、到来時期などを予測できるようになった。しかし、予測し、それが当たったとしても、台風がやってくることを止められるわけではない。そこで、台風がきても氾濫しないように河川を何とか管理できないかなどの対策を講じるわけである。ここでも、安全を確保しようとする人の営みは、自分の身近な物的環境を造りかえるという方向をとってきた。危険の源泉そのものを取り除くという造りかえではなく、その脅威に対抗するための算段として、より安定の見込める小さな人工環境を用意するという方向しか考えられなかったのである。

（A3）狼が棲息《せいそく》する場所には近づかなければよい、と思える一方で、狼の群れが人々や食料や動力源としての家畜を襲う、それが季節ごとの台風のように不可避であった、そういう暮らしをしていた人間の状況を想像することもできる。突如流行し始める伝染病のようなものの発生も、腐ったものを食べるなどして敢えて危険をおかすからだ、とも言えるし、いったん発生した伝染病は否応なくやってきて人を危険に曝すという性格ももつ。

これらもかつては、人がなす術もなく甘受すべき脅威として経験されたであろう。ただ、頑丈な柵を設けて狼を防ぎ、更には狼を大量に殺し、住居を清潔にし下水道を整備して伝染病を予防したり積極的に病原菌を撲滅せんとするなどして、人々がかつての脅威を、予防し管理できる危険の地位に押し込めた、そういう事例も多い。ここでも人は、自然を或る方向に変化させる。けれどももちろん、管理をすり抜けてやってくる危険を忘れるわけにはゆかない。ＳＡＲＳに人々が脅《おび》えたのは記憶に新しい。

（4）必要物の欠如という危険への対処とそれがもたらす新たな危険

（C‐A）ところで、台風のようなものは、川を氾濫させ人を溺《おぼ》れさせるなどの仕方で人間に直接に打撃を与える可能性をもつ、そういう意味で危険なだけでない。収穫前の作物を駄目にする、土砂崩れを引き起こし雨風を防ぐ家屋を壊《こわ》すなどして、人が生きてゆくに必要なものを奪う、そういう意味で危険の間接的な源泉ともなる。そして実のところ、日々消費する食べ物を日々手に入れることができなくなる危険（今日では、食料を中心とした必要物を買うためのお金が手に入らなくなる危険）、これこそ人々が最も気に懸け、避けようと努めてきた危険ではないのか。

食べ物の調達、確保のために人々がどのような工夫をしてきたか、それを列挙することはしない。（参照、松永澄夫『食を料理する——哲学的考察——』東信堂、二〇〇三年）ただ、食べ物を始めとした必要物を安定的に確保しておくという意味での安全の概念は、その積極性において、外からの危険から逃れようとする意味での安全の概念とは、向きを反対にすることを指摘しよう。そして、後者の、望ましくないものの欠如を願う安全には除去という終点が（現実には実現できなくとも）理念としてあるが、前者の、望ましくない欠如の状態が来ないという安全の方は、当初の願いよりはずっと先までゆく可能性をもっていて、どこまでゆけば安全が確保されるのか定かでない、という性格をもつ。それは、欠如は一回限り埋められ満たされればよいというのでなく、繰り返し繰り返し現われ、その度に埋められるべきで、すると、欠如状態から逃れられるという安全を志向することは、もっともっと、という強迫につながりかねないからである。

そうして、おそらく人間の文化の発祥はこの志向に起因している。しかも、それでいて、この種の安全を求めるはずの営みこそが、実はずっと大きな危険を人間にもたらしてきたと、このようにみることもできる。つまり、先に（D）に分類した危険の源泉の大部分が、この際限なき志向に関係していると思われるのである。また、（B）として指摘した、人を脅かす最たるものは実に他の人間（ないし人間集団）であるということも、ほとんどの場合、この方向への人間の歩みから生じた。つまり、人が他の人から必要物を奪う、また必要物やそれ以上のものを手に入れるために人を拘束して働かせるなどが生じかねず、それは、奪われる人、拘束される人の側からすれば、（降りかかった現実としては）厄災であり、（予想される可能性としては）危険である。

3　集団の中で生きる人間にとっての厄災・危険

(1) 人々の集団

人間は、自然の恵みに依存して生き、他方、自然のうちに潜むさまざまな危険に対処し、ときに自然の恐るべき脅威をも何とか凌《しの》いでゆきつつ、次の世代を生み育ててゆくべき動物の一種である。その人間が、このような（生命の論理のうちにある）課題を果たすために群れをなすことを種の特性としたのかどうか、それは追求せずとも、現に、人は実にさまざまなサイズの集団をなして生活してきた。そして重要なことは、その集団の維持においてみられる秩序というものが、意味の力によって支えられているということである。そして、ここに、生命の論理を越えた新しい論理も登場する。

もとよりその秩序は一枚岩的なものではなく、極めて多様で、かつ一つの集団において幾つもの秩序が複合している。とりわけ、サイズが大きくなればなるほど、諸々の秩序は入り組み、互いの間で、依存、支え合い、対立などの関係を取り結ぶ。そして、集団の中に小集団があり、或る集団はそれを包む大集団を突き抜けて別の集団内の幾らかの成員を取り込んでいたりする。同じ人が、異なる原理に従って成立しそれぞれの秩序をもつ幾つもの集団に属する。特に重要なのは集団への帰属意識がつくる秩序であり、また、あれこれのルールのもとでなされる活動の種類の多さや頻度《ひんど》の高さであり、いずれも集団につなぎ留められた意味の力の濃さこそが大きな役割を果たす。

（2）人という脅かすもの

さて、或る集団に属する人々は、皆が互いに協力するものとは限らない。競争もあり、対立もある。ただ、競争にはルールがあるし、対立していても、手段を選ばす相手を打ち負かすというのではない。その時々にのみ生きるのでなく、過去の経緯《いきさつ》を尊重したりそれに縛られたりし、未来を展望して生きる人間は、いわば意味の次元でも生きるのであり、秩序に頼らざるを得ないし、秩序が生まれないことはない。

確かに或る慣習は廃《すた》れ、新しい遣り方が流行し始め、法律は改定される。けれども、あらゆる秩序がすべてひっくり返るということはない。歴史上、革命と言われる時ですら、人々の間で相《あい》も変わらず相互に期待できる非常に多くのルール（たとえば道徳的意識）もまた続いて通用していたであろう。

さて、集団の秩序を念頭におきつつ、（B）人が人にとって厄災ないし危険なものとなる四つのケースを考えねばならない。一つには、（B1）世の中には通り魔殺人者のような者が出ること。また、盗みや詐欺など、秩序を裏切ったり悪用する人もいる。二つには、（B2）他集団の外からの侵略という可能性と、分裂を伴う争いの内部成長。三番目に、（B３）集団の中での被支配や被抑圧。それから、（B４）人が集団から排除される危険。最も大きな危険としては、その排除が、（B５）集団による抹殺という形態をとる場合。なお、現実には少ないが、人がいわば自発的に集団からドロップアウトすることに伴う危険は、Cのバリエーション（C′）と考えるべきである。

（B１）第一の事柄は目につくので分かりやすい。ただ、通り魔も、襲われる人々や襲われる可能性のある人々と同じ社会の一員なのであることに注意を払おう。通り魔は集団の秩序の或る部分を一時的に内側から破る。そこで、そのような人物から身を防ぐ手だてが見つからないとき、事件の可能性は人々に脅威として経験され、秩序の喪失として感じられやすくなる。このような脅威との関係で安全を確保しようとして人々が危険人物捜しをするとき、そして監視的社会をつくるとき、社会の闊達《かったつ》さが失われる。本当は、どの成員にもストレスを多くは感じさせない、多様な襞《ひだ》をもつ社会の構築が望まれるのだと思われるのだけれども。

（B２）第二点も図式化しやすい。歴史を繙《ひもと》けば、さまざまな形態の内的争いと、外との関係としての侵略・被侵略としてこそ、政治史があるかのごとくである。（実際は、政治の歴史は、さまざまな権力形態がどのような制度とともに現われてきたかの諸制度の変換と形成の歴史に中心がおかれるべきであろう。）そして、内的争いも分裂に至れば集団間の抗争になるから、いずれも、外敵という危険の形態として括《くく》りやすくなる。侵略者は、侵略される側の既存の秩序の外にいて、それを無視し、蹂躙《じゅうりん》する。

（B３）以上の二つとは違って、被支配や被抑圧というものは集団の秩序そのものに組み込まれていて、その形態によっては、そこに脅《おびや》かしがあるという事実が見えにくくなりがちである。インドで、食卓の給仕で粗相をした使用人が即座に太守によって耳を切り落とされるということが当然に行われる場合、太守の力に常に脅える使用人、そして、そのことを知っている太守、という構図は目に見えてあるであろう。また、「苛政は虎よりも猛《たけ》し」という言葉もある。

けれども、今日の多くのいわゆる民主主義国家の中では、そもそも支配したり抑圧したりする側が誰なのかさえ明確でなく、脅かされていると感ずる人々を除けば、事態に無自覚な人ばかり、ということ、見えにくさがある。先の列挙の際に被支配や被抑圧を言いながら、支配や抑圧の方は表に出さなかったゆえんである。

（3）支援を受けられないことと魔女狩り

列挙したもののうち最後の二つは他とは方向が違い、私たちの暮らしが他の人々の活動を当てにして成り立っているのが普通であるから人が集団から離脱すると生きてゆくことが困難になる、ここに関係する危険である。それでも、(C) たとえば終戦を知らずに一人で人里離れた山中で生き続ける人の場合と、(B4) 村八分のような仕打ちを受ける場合とでは違う。前者は、社会で暮らせば受けられる人々の支援が得られない危険であるが、人々との接触もなく、人から蒙《こうむ》る危険が問題であるわけではない。(もちろん、戦争という前段階を考えるなら、集団離脱者も社会からの被害者であるが、あくまで論の例解が目的なので、無視する。しかし、この例を挙げなければならないほど、Cの例は少ない。) だが、後者、村八分などでは、或る意味で他の人々との絶えざる接触――交流拒否という形での関係の設定――がある。そして、それは心理的打撃をも与えるのである。植民地時代のアメリカでは、いざというとき秘《ひそ》かに施薬や治療を頼られるのに、目につく日常の生活では遠ざけられているたぐいのクエーカー教徒のような存在もあった。多数者が、特定の人々を自分たちの秩序から排除する（参与させない）という仕方で、やはりその人々をも組み込んではいる或る秩序を構築しようとしているのである。（B5）そして、ひとたび何かが起きると、その責任を負わされ、魔女狩りの対象になる、そういう人々もいた。これは被支配や抑圧ということを越え、抹殺である。しかも、圧倒的多数者が危害を加える側に回るのである。そうして、（B1）で述べた危険人物捜しというのは、魔女狩りに転ずる可能性を孕《はら》むものであることに注意したい。

まことに、人間にとって人間ほど危険なものはない、ということを実感させられる例には事欠かない。

4　安定としての安全から豊かさと快適さへ

(1) 必要物の前もっての確保と価値の二重化

明日に必要なものが今日、手許《てもと》にあるとは、どんなにか安心なことだろうか。明後日も、更にその後も、必要物を求めて苦労しなくてよいなら、なお良いであろう。反対に、消費してゆくものを補うことを常に心にかけなければならず、しかも、それが入手できるとは必ずしも限らなかったら、それは不安定な生活と言うべきではないのか。

先に述べた、(C)必要物の欠如という危険に対処するために、人は、今は必要ないが未来に必要なものを、今、手に入れておきたく思う、そのような存在である。ところで、必要時に先立って確保したものの価値について、少し確認しておく必要がある。すなわち価値の時間的性格であり、そこからくる価値の二重化に注意を払うべきなのである。具体例として、食べ物を考えよう。

食べ物は空腹を満たし、栄養になるときにその価値を発現する。（美味しさを与える価値のことも挙げていい。）そこで、明日のための食べ物が価値をもつには、明日、それが食べられるのでなければならない。今日、食べ物だと思って手にしている魚も、明日は腐って、口にすれば中毒を起こすものに変わっているかも知れず、すると、それは明日は価値がないどころか厄介なものになる。逆に、今日は硬くて食べるのに適さないアボカドが、明日は熟して美味しく消化によいものになるだろう。

だが、では食べ物は食べるそのときにのみ価値があるのか。確かに熊はいま食べる魚でなければ見向きもせず、鳥は未だ熟していないアボカドをつつきはしない。彼等が価値あるものに関わるとは、そのときに価値が発現するものに関わるということだ。（もっとも、モグラはミミズを貯《た》めこむし、リスはドングリを地中に埋め、それらを後で食べることもある。ただ、このことは、これから述べる、人間における価値の時間構造とは縁がない。）

しかし、私たちは硬い、果皮が緑のアボカド、今は食べ物としての価値をもたないものにお金を払う、つまり、価値を認めている。いや、明日の価値を認めているだけだ、というわけにはゆかない。売った側は、いま、支払いを受けたお金ですぐに理髪店でのサービスを受けられる。アボカドに現在も価値があるからこそ、その価値が散髪という価値に変身するわけだ。

明らかに、ここには価値の二重化というものがあり、それは未来の時間を先取りし支配しようとする人間の傾向によって生じさせられたものである。価値の二重化は、潜在的な価値がそのまま現在の現実的な価値として受け取られるから生まれるのであるが、この現実化はたとえば価値物の交換によって顕《あら》わとなる。

さて、潜在的でしかない価値を潜ませるものが現実的な価値物として通用するとき、価値（物）の蓄積や移動が可能となる。価値物の入手時期と価値の最終享受時期とがずれるのみならず、入手者と最終享受者とも分離できる。（かといって入手者は価値を享受できないというわけではない。入手者も、最終的に享受される価値との関係では潜在的なものでしかない価値を、たとえば他の価値物やサービスと交換するなどの仕方で、あるいはその所有が引き寄せる威信という価値を享受するなどの仕方で、現実の価値として享受する。）そして、価値物はしばしば多くの人々が求めるものであるゆえに、価値物によって人が人を支配する、ないし影響力を与えることもできる。

もちろん、このような状況があるためには、価値物の所有という概念が機能するのでなければならない。けれども、未来に発現するはずの価値を潜在的にもつものが現在において既に価値をもつという構造が出現することとそのことが既に、所有概念の発生につながっている。所有とは所有物の未来をコントロール化におく意志と権利である。その権利の方は物理的な力でなく意味の力によって支えられ守られている。（潜在的なものは意味の力によらなければ輪郭をとらないからである。）従って、意味が共有される範囲の人々の間でのみ通用する。意味は時間を貫く人為的な秩序を形成し、保つ。（動物では、現在の力だけが重要である。かつて獲得した獲物も、そのときそのときの腕力で更《あらた》めて守らなければならない。けれども人間の場合、所有権を認めてくれる人が相手なら、もう物理的力は要《い》らない。それで、人間も、貯蔵庫に侵入するネズミに対しては所有権を主張しても始まらず、腐敗という現象に対しても、人為でない自然の秩序に従って対処しなければならない。貯蔵庫は、ネズミや湿気など、それから、意味の力を無視しそれがつくる人為的秩序を認めない種類の人間——盗賊など——から価値物を防禦するために造られる。『言葉の力』東信堂、二〇〇五年、を参照。）

（２）価値の限界の消失と際限ない豊かさの追求・効率と快適さ

必要物の欠如という危険を遠ざけるために、それが必要となる前から用意しておくこと、このことには、先にも述べたように際限がなくなる虞《おそれ》がある。明らかに、たとえば自分が一生かかって食べきれる量を越えた食料には価値がなくなるはずである。だから、仮に食料が腐らないとしても無際限に蓄えることは無駄に思える。なのに、そのようなことはない。価値物の所有は人々の間で所有者を優位に立たせる。そして、意味の次元では、価値の大きさには限界がない。いつか誰かにとってのみ何かの具体的価値というのはあるのだ、という限定があたかも無いかのごとく、いわば価値あるという意味自身が価値をもつ、そのような価値の次元が出現して、人々の意識と行動を左右するのである。こうして、不安定を避けるという意味での安全を求めたはずが、それ以上のことを人々は求めるようになる。価値の多さを言う豊かさという考えが人々を支配する。

生きてゆくに何としてでも必要なものの欠如という危険を遠ざけ安定を手に入れるという目標は、いつの間にか追い越されて、特定できない目標、もっと多く、という、それだけがはっきりしている目標に変わる。何が必要なのか、それも定かでなくなる。そして実際、何もかもが必要なものにも思えてくる。それは、この、もっと多く、という要求に応えるために人々が活動した結果、人々が生きる環境は効率を尺度としたものに変えられ、その効率的な世界では行動から労苦の要素が抜け落ちてきて、人は快適さに馴れ、快適さなしにどのように行動すればよいのか分からなくなってしまうからである。

(3) 安全に関する判断力の鈍化

論の冒頭で、電気、水、熱源が利用できるのは当たり前の生活だという私たちの考え方に触れた。加えて、私たちは食料品店がなくなれば途方に暮れるであろうことを想像しよう。保護されるべき幼児でなくとも多くの人々が自然からの食料の第一次調達者でなくなっている。いざ社会環境を含めた人工の環境の外に投げだされたらどうしたらよいか分からない場合が多いであろう。そして、食料品店があっても、物資が運ばれてくる道路が寸断されていたら、在庫はたちまち底をつく。水害や地震で、最初に復旧を目指されるのは交通網である。

いわゆるライフラインを成すものは、それがなければ生きてゆくのが極度に困難になると考えられているものだが、すべてインフラストラクチャー、人間がつくった構造物である。自然に潜む危険に曝されながらも自然の恵みを受け取って生きる、このような生き方から離れ、通常は安楽に馴れた現代に生きる私たち、先人たちが単なる安全の追求を越えて快適さを求めて築いてきたものの上に乗っかった生活しか知らない私たちは、確かに安楽とは安全以上のものであることを観念としては知ってはいる。が、安楽さをどこまでか失えばそれが安全をも失うことになるのではないか、との不安ももっている。

これを指して、安全の基準が変わったと評することもできるかも知れない。けれども、実情は別のところにある。危険を見抜く力に裏打ちされてこそ、安全かどうか、どの程度に安全なのかを判断する力はある。ところが、自分の生活環境に対する要求だけは多くかつ高くもち、他方で適応能力は低下している私たちは、生命の論理によって定まる自然との関係における厄災が発生する危険に関しては、鋭敏な判断力の持ち合わせがなく、おそらく自信がないのである。

しかも、それで済む。日常生活においても出くわす可能性のある自然のうちに潜む危険というものを、私たちはほとんど知らない。食べ物（これも実は、もはや自然のうちにあるのではなく、誰かが食べるばかりに加工している）が腐っているかどうかの判断さえせず、賞味期限の表示に頼ろうとする。歩いていて落ち込むかも知れない穴とかは滅多にないし、橋があるので急流を飛び石伝いに渡らなければならないこともない。万一やってくるかも知れない自然災害、たとえば地震や台風はと言えば、その恐さは想像できるが、その場合も、人間がつくった建物や堤防が倒壊等しはしないだろうかとかに意識がゆくことが多いのであり、しかも、その危険の度合いについては、専門家の診断に頼りたくなる。また、仮に天災に遭ったときにはどう行動すべきか、これは自治体等の指示を有力な指針とすべきなのかな、などと思う。

5　新しい種類の危険

(1) 現在の生活様式の維持を願うことと新しい種類の危険

他方、私たちが気にする身近ともなり得る危険とは、交通事故、火災、盗難などであり、職業によっては伴う各種の特殊な危険である。そして、場所によって、近所の工場の爆発の可能性をちらっと考え、地下水が汚染されていないか不安をもつ。

いずれも、私たちが自然の懐《ふところ》で生活していたときにはなかったに違いない種類の危険である。(山火事のようなものもあったろうが、頻繁ではない。他方、ビル火災のたびに、手薄な防火体制や避難路不備等の利益優先のビル使用が問題にされる。また、簡単に火を手に入れ得る人間が放火をする。)私たちの生活様式の変化が新しい危険を生み出すかも知れないのは当たり前のことであるが、その新しい危険の多くは、人間を源泉としている。

ところが、それ以上のことがある。すなわち、自分たちには当たり前となってしまっているその生活様式を維持することができなくなることとそのことが一つの厄災、人がそのときどうすればよいか分からない(パニック的)事態だと考えられるようになることは大いにある。すると、その維持を脅かす可能性のあるものは無数にあり、従って、あちらにもこちらにも危険があるということになる。そして、その危険が潜むのも、人がつくりあげてきた政治や経済などのシステムの中にであって、ただ、私たちは通常は諸々のシステムとその極めて複雑な連携の進行を信頼して生きている。

ところで、それらシステムを念頭に冒頭に戻って、私たちが日常の暮らしの中で自分の生活環境を値踏みする現実に思いをいたすと、二つのことが確認できる。一つには、その環境とは、一方では非常に狭い広がりをもった地域のことである。他方で、それでいて、それを冒頭の議論でも指摘した人間の社会性を含んだ人工環境というものとして眺めなおすと、つまり、そこを人間の住環境として成り立たせているものを考え、それを諸々のシステムだとして考えると、ずっと遠い所の事柄がその地域を支えていることが分かるし、その支え合いの仕組みの複雑さに驚嘆させられる。環境は、広狭のものが二層化してできている。

自然環境にしても、或る地域に多量の雨が降るということが、非常に離れた海域での海水温度に影響された結果である、ということなどがある。けれども、それはそれとして、動植物も人も、それぞれが棲息する地域の自然条件を受け入れ、その条件に適応して生きる。それに対し、この地域の人工環境としての成立が、単にそこにおける開墾や堤防構築、道路整備などによるだけでなく、他の地域にも依存しているとは、人間の活動を媒介として依存しているということである。遠くに人々が建設した発電所から電気が送られる。発電所が電気を産み出すには更に遠くからエネルギー源としての石油を輸送してくる人々の活動が必要である。或る地域で手にいる物資のほとんどは、ずっと遠くの地域における資源の開発、生産なしでは存在していない。（そして、ここの快適な環境を維持するために、別のところでは劣悪な環境が生み出されているかも知れない。しかも、それは見えないことが多いのである。また、不特定多数の人々が恩恵を蒙《こうむ》ると思われる高速鉄道の設置は、列車が通過するだけの特定地域の人々にとっては迷惑以外の何物でもないということもある。）

特筆すべきは、たとえば石油の供給のストップや落雷による停電などの危険に敏感で、安全策を講じる人々が、また事故があれば、厄災を最小限にするために修復をする人々が政府や企業の中などに立場々々に応じて居て、私たち誰もが生活者のレヴェルではそれらの危険を忘れ去っていても済む、少なくとも、そう思い込む、という状況もつくられているということである。そして、危険の発見もそれへの安全対策も、仮に自分でもやろうと思ってもできない、人まかせにするしかないという現実がある。

つまりは、見つかる多くの危険とそれに対する対策はともに、言ってみれば局所的なものである。現代の社会は無数のシステムが張り巡らされ、絡みあい、支えあい、あるいは逆に緊張を孕《はら》みながら、ダイナミックで、どこかでの破れは織り込み済みで、それの代替的修復が速《すみ》やかになされる、そういう性格をそなえようとしている。（戦争とか不況とか、社会全体を揺るがすような危機でさえ、或る範囲に閉じ込められるようにさえ思える。そこで、危険もその回避も、回避の失敗さえ、局所的という性格を帯びやすくなる。ただし、局所の当事者にしてみれば、このような指摘は何の慰めにもならない。）

（2）不確実な時代の見えない危険

とはいえ、ここには落とし穴がある。局所性というのは事柄の見える方の一面に過ぎない。発見された危険に対して、当事者だけが、その局所において差し当たりの最善と思う処置をする。同様に、何も危険を避け安全を求めるたぐいの活動に限らない、あらゆる活動において私たちはそれぞれの持ち場で、すぐに理解できる範囲での望ましいと思うことをする。それは安全の確保という目標を通り越し、むしろ快適さを求め豊かさを求めた努力から成る。ところが、どの活動が巡り巡ってどのような影響をどこに及ぼすか、この複雑な体制では見きわめられない、これが事柄の他面である。そうして、その影響が、別の局所においては厄災として降りかかる、ということはある。（利益を追求する集団間の競争では、もともと競争相手に打撃を与えることが目論《もくろ》まれることもある。しかし、そのように狙われた打撃でなく、思いも掛けず降りかかるものとしての厄災に見舞われる危険をここでは問題にしている。）私たちは私たちの社会の仕組みがつくりだす不確実さの多い時代に生きている。

人が活発に行為する世界、ここでは次々と欲望が生まれさせられ、それを満たすものが提供される。だが世界は、求めるものを人々に速《すみ》やかに提供すべき効率の理念のもとにありながら、その一方で、余りに速く変化し、コントロールできないものとなっているのである。そこで、目に見え、人々が追い求めるものがすぐさま現実化されるその背後で、すぐには見えないさまざまな事柄もまた生じているはずなのである。そして、その一部は新たな厄災を生じさせるかも知れない。だが、危険は認知されず、或るとき突然に、思いがけない厄災が発生し、同じような厄災が起きる確率の高い状況、すなわち危険があちらにもこちらにもあることを照らしだす。

6　さまざまな価値に浸透された環境における安全という価値

(1) 入り乱れる評価尺度

ただ、私たちがそれぞれ自分の当たり前になっている生活を成り立たせているものが失われること、それをもう厄災だと考えてしまうとき、そのような厄災の深刻さの程度には大きなばらつきがあるし、その厄災が生じる危険を何が何でも避けるべきか否か、どれほどの程度の安全策を講じるべきかどうか、そのことにもばらつきが出る。

「リスクをとる」という表現さえある。これは多くは経済の領域で、進取の精神を鼓舞するために使われる。ハイリターンを狙うにはハイリスクを引き受けねばならないのは当然だというわけである。技術革新であれ新しい販売方法の試みであれ、経済のダイナミズムは、不確実性とそこに潜む危険を怖れない人々の挑戦から生まれる。（そして、たとえば金融や保険の制度のようなものは、この不確実性を可視化して或る種の安全を確保せんとすることにおいて生まれた。）けれども、このような表現で念頭におかれているリスクというのは、いのちを失うような危険に比べれば、軽いもの、引き受けやすいものだ。翻《ひるがえ》るに、元々人間には、たとえば陸に棲息するはずなのに荒海に出る冒険を進んでなす、このようなことさえあるのである。或る価値あることのために、或る程度は見通しが立つ危険、つまりは限定された危険があることを承知で何かをなす、危険を冒す、ということが全然ない人生などあるはずもない。

ただ、しかし、その上で、いったい誰に訪れるかも知れない危険のことを言っているのか、それが問題となる場合が沢山あることを曖昧にしてはいけない。自己責任の概念が機能する範囲内のことで自分だけに降りかかる危険なら、それを招こうと各人にまかせればよい。だが、危険な状況（ないし厄災そのこと）が押し付けられること、そして何より自分が他の誰かに押し付けてしまうこと、そういう事態の発生には敏感であるべきであり、そこでは抑制を優先すべきとなる。しかも、厄災の種別を論じた際に挙げたような重大な危険なら尚更である。

そもそも私たちの毎日の大部分は、それぞれにとって何らか価値あることを求めるための諸活動からなっている。先に、社会の秩序を支え維持するのは意味の力だと述べたが、私たち一人々々の生活を方向づけ筋道をつけるのも意味の力である。意味は、現在という時間を過去と未来とに結びつけ、人個人においても集団においても、秩序を導入する。そうして、「意味がある」という表現は、「重要である」、言い換えれば「価値がある」という内容をもつことがしばしばであることに注意しよう。意味、秩序、価値は、一体となって私たちの周りのものの私たちへの現われ方とそれらに対する私たちの関わり仕方を決めつつ、私たちの生活に内容を供給する。

私たちが何かに関心をもつと、関心を向けた相手が私たちにとって何らかの意味をもつものとして現われる。それは同時に、そのものが（負の場合も含めた）さまざまな価値を帯びて現われ、多かれ少なかれ或る重要性をもつと評価されるということでもある。（ただし、その価値は、関心を向ける当人にとっての価値であるとは限らない。当人にとってどのような価値をもつか、ということは必ず附随するが、主として誰にとっての価値が問題であるかは、意味の文脈による。或る町、或る建物が住環境として優れているか望ましくないかは、誰にとって、ということを考えねば判断できない。しかし、判断する人——また、そもそも住環境としての価値に関心をもつ人——が、そこに住まうかも知れない当事者である必要はない。）

人はほとんどの場合、何かに関して幾つもの意味文脈で考え、幾つもの評価尺度でそれを評価する。また、価値評価はそれだけで終わるのでなく行動へと反映されることが多いのだから、評価のしっ放しでいい場合は別として、あれこれの評価尺度自身の重要性の程度を考え、その上で同じもののさまざまな価値評価に序列をつけたり、総合評価をこころみたり、価値評価の間に対立があれば調停しようと努めたりする。（ここに秩序が現われる。）

もちろん、人々の間で、また集団の間でも同様の事情がみられる。そうして、人個人のうちでも葛藤などがみられるとはいえ、それと比較にならない仕方で対立が多くなり、調停は困難になる。価値とは誰か（何か）にとっての或る時点での価値であるゆえに、同じものが同時に違った価値をもつものと評価されるのだし、また、景観のような価値の場合には同じ仕方で価値を見いだす人々がともにその価値を享受できるが、多くの価値物の場合、その誰かによる享受は他の人々による享受を排除するのである。（ここに稀少性を中心とする一群の問題がある。）

そうして、評価尺度のさまざまに応じて多様な価値を帯びて現われる、私たちを取り巻くものすべてが、私たちの環境の構成要素と言えないわけではないからには、環境を巡る争いもまた、さまざまな評価尺度間の争いとして出てきた、そういう当たり前のことはある。ただ、今日の環境問題は、少し様相を異にしている。

(2) 環境問題における安全という価値

実のところ、私たちを取り巻くものの中でも、私たちの生存と諸行動を可能にすると同時に制約するものとして相当な期間は持続するものどもだけが特に、環境という資格で考慮される。それは大地や河川などの地勢的なもの、植生、動物相、一年を通じて或る範囲内でのみ変動する気象的事象などの自然であり、交通網、商店街、郵便局、学校などの社会的施設であり、夕方のチャイム、家々の庭の花壇、道ゆく人の服装や挨拶仕方などの文化的様相などである。ただ、それら比較的に持続するものも、天変地異によってガラリと変わる場合もあるし、確実なこととして、人の諸活動を通じて絶えず一部がさまざまなテンポで意図的もしくは付随的不可避的に変えられてきたし、変えられてゆくという性格をもつ。

さて、環境における変化には、その環境内で生きる人々（また動植物）は関わりをもたざるを得ない。

そして、例を挙げるまでもなく、或る人にとって歓迎すべき変化が、別の人にとっては忌まわしい変化であることは多い。それで、かつては環境という概念なしで係争案件となった（あるいは生じてしまった変化ゆえに、それをマイナスと価値評価する側が忍従してきた）種類の事件が、いまは環境問題という切り口で争われることもある。

しかしながら、今日、環境問題がクローズアップされ、人々に訴えかける力をもつ、二つの理由がある。一つは、安全の確保という評価尺度が最前面に出てきたことであり、二つには、それとの関係で安全を言わなければならない、環境に関わるさまざまな危険というものは、誰の身にも降りかかるのだ、という考えが浸透してきたことである。

翻れば、私は次のことを指摘してきた。人間が一方で自然の恵みに依拠しつつ、他方で自然に潜む危険に曝されながら生きるのは動物としての宿命であること、その上、人間は危険を承知で敢えて冒険に乗りだすものでもあること、しかしながら、人間は自然に働きかけて、より安全でより快適な（人工）環境の構築を目指してきたはずであったこと。だから、人間が安全対策をいつでも気に懸けてこなかったはずがない。ただ、他の評価尺度よりは優先してきたかどうかは別問題である、というだけである。社会における階層の分化があり、或る階層による富の追求があり、そこで、誰かにとっての目先の利益や利便が、どこかでの危険の発生よりは優先されてきた。

しかるに、今日、環境に関わる種類の危険について、安全を優先させなければ、という意識が人々を捉《とら》え始めている。しかも、その意識は、とりわけ人間の活動が原因となって生ずる危険を問題にすることとリンクしている。

(3) 安全優先の二つの意味

だが、安全優先とは具体的にどのような事柄なのか。

まず確認すべきは、そもそも安全が考慮要素となる場合とは、何か具体的に想い浮かべることのできる危険との関係においてであるということである。たとえば或る国への旅行に何か危険が潜むことなど想い描かないような人も当然いる。そして、誰かあれこれの危険に気づかせてくれる人がいる場合もあれば、そうでない場合もある。いずれにせよ、何の危険も想い描かない（ないし想い描けない）場合には、安全という考えには出番がない。

けれども、この例の場合、交通事故、パスポートの紛失、盗難、風土病への感染、過労などなど、起こるかも知れない厄災が幾つも想像でき、すると人は、その可能性ないし確率の高さに応じて危険度を測る。そして、そのことが、それら一つ一つの危険との関係での安全度を考えるそのことである。

そうして、完璧な安全を優先させたいなら、つまり、それらの危険に無縁なところに身をおきたければ、旅行をやめる（もしくは人に旅行を命令しない）のであればよい。ただ、多くの場合、人は旅行の価値の大きさと危険度とをいわば天秤にかけ、危険度が小さければ旅行に出かけ（させ）る。それに、やめるわけにはゆかない旅行もある。（もちろん、その理由は旅行の価値が中止できないほど大きいからでしかないと言うこともできないわけではない。しかし、その言い分が屁理屈に近い場合もある。自分では選べない事柄も世の中にはあるのだから。）

それから、危険を考慮することのメリットとは、まさにそれぞれの危険に対して安全策を講じることができるか、工夫するということである。講じ得るなら、旅行したとしても危険度を低めることもできる。ただし、人は他方で、講じることそのことの（コストや必要な時間なども含めた）容易さや困難さをも測り、総合して、どうするか決めるのである。

さて、以上の例が示す構造を念頭においた上で、人が安全を優先させるべきなのは、どのような危険との関係においてなのであろうか、と、こう問うてみたい。

まず、安全を優先させることの二通りの意味を確認する。一つには、或る危険を潜ませたことはしない、という意味。もう一つは、或る厄災が生ずる危険度を減らすための安全対策を、その対策のもつ別の面での（つまりコストや事業の遅れなどを考慮するという、他の評価尺度による）否定的評価に抗して、講じるという意味。

現実には、第二の意味での安全優先がいつでも、そして、まず考慮すべきこととなる。というのも、一つには、最初の意味での安全優先の方は、自分が何もしなくても降りかかる危険（台風など）とは関係ないが、二番目の意味での安全優先は、そのような種類の危険の場合にも意味をもつからであり、二つには、自分が何かをするゆえに危険が生ずる可能性がある場合でも、安全策を講じることによって、危険を潜ませたことはしない、という第一の意味での安全優先に影響を及ぼすことができるからである。

さて、今日の環境問題では、人間の活動に起因する危険が問題視されている。そこで、二つのことに注意したい。

一つは、環境問題を離れても、危険を承知でことを為すというとき、その危険が降りかかるのは誰にであるのかが、安全優先を採るかどうかで重要であることである。人間の歴史では、他の人に危険を押し付けることこそ夥《おびただ》しくあった。しかし、今日、私たちは、他の人に与えてしまった厄災については責任をとることも手遅れとなること、だから自らのみが引き受ければ済む危険はいざ知らず、他人に危険をもたらすこと、特に、（人の関心ごとに違う実にさまざまの価値でなくて）誰にでも共通する価値、たとえば生命の論理が定める価値が脅かされる危険（つまりは死、負傷、病気等、この章の始めに指摘した厄災が生ずる可能性が大きいこととしての危険）をもたらすような事態を引き起こすことは避けるべきであると、このように考える時代に生きていると私は信じる。

そうして、環境問題に話をもどせば、もし環境内に人にとっての或る危険な状況が生み出されるなら、それはそこで生活する多くの人に降りかかる危険となる。（旅行の危険なら、旅行する人、させられる人だけが直面しなければならない。なお、もちろん、人によっては——旅行中止によって旅行の危険を回避できるのと対照的に——危険に満ちた環境から脱出することも考えられる。三宅島の人々が一時的に選んだのはこの方策である。ただ、今日の環境問題における危険の増大というのは、脱出場のないものという様相をとるものも多くなっている。或る地域に限定されずに、人々の生活圏のすべて、地球規模で生じている変化に、危険が読み取れるからである。それに、仮に或る種の公害のように或る地域に限定して発生した厄災であり危険であるからといって、その地域から人々は逃げだせばよい、というふうに考えればよいとはならない。チェルノブイリの場合、立入禁止区域を設けざるを得なかった、これが解決であるはずがない。)

二つめに注意したいのは、危険がまさに人の或る活動によって生じさせられるのであるとしても、その活動と危険との間の結びつきが見えにくい、更には、危険が潜んでいるということ自身が気づかれにくい、という事情があることである。

ガラスの破片を通路や広場に棄てれば危険であること、腐敗するものを放置すれば(不快であるだけでなく)危険であること、これらは分かりやすい。しかし、破片や腐敗物をゴミ袋に入れて収集車にもっていってもらえば、もう何の問題もない、こう思えてしまう。まして、洪水の危険を避けるために強固な堤防を築く、山火事を防ぐために監視体制を敷いて小さな火事を防ぐ、これらが、それらの措置以前よりも大きな洪水、大きな山火事を招くなど思いもしない、ということは、むしろ自然である。学習しなければ分からない。

それに、単独の或る活動が危険な状況を環境のうちに導き入れるという場合はまだ対処しやすい。(と言っても、かつての公害訴訟では、排水水銀による湾内海水汚染、工場の煙害の場合ですら、人々が蒙った厄災との因果関係の立証ないし認知に手間取った。安全優先の意識が浸透していないとき、どうなるかの見本である。)今日、厄介なこととして注目を集めているのは、人間のほとんど止めることのできない諸活動、すなわち安定の追求を通り越して快適さを求め、欲望を開発し、満たそうとして動きまわる諸活動、この複合が源泉となっている二つの危険、すなわち、人々の生存を許した自然の恵みを内蔵した環境がもはや恵みを与えてくれなくなるであろうという危険、そして、人間の生命活動を阻害する物質（廃棄物はもとより、有用物質のうちにも含まれている化学物質など）が環境に蓄積してゆくに違いないという危険である。

このような危険を前にするなら、私たちが、環境が関わる種類の危険に関しては、歴史の先立つ時代に比べてずっと強く安全優先を前面に出すような態度をとるようになったのも当然であろう。安全という評価尺度は消極的なものとしてしか働かないように思えるかも知れない。それは確かに或る意味で後ろ向きの態度である。しかしながら、危険を孕むことはしないという意味での安全優先でなく、どのような安全策があり得るか、これを探してゆき実行する、ということは、積極的に追求すべき、欠かせない要請である。

さいごに：情報と技術と信頼

してみれば、二つの事柄が極めて重要である。一つは、環境に関わる諸々の危険に気づくこと、気づかせること、といった情報の役割。もう一つは、積極的な安全策を採ることが、他の諸々の評価尺度の採用と競合する（たとえばコストが高くて経済的利益追を阻害する）のでなく、結局は他のさまざまな価値の実現・保全のためにもなるのだとの意識を育《はぐく》んで、どのような安全策があり得るのか、技術の探究とその実施を強く促してゆくこと。

いずれも、高度の知識、企画力、チームプレー、資金の投入などを必要とすることである。言うなれば専門性が要求され、日常の生活者のレベルでは困難なことであるには違いない。しかし、生活者の意識が背後に控えてこそ、科学者や技術者、政策立案者といった専門家、専門集団も登場し得る。彼等は始まりにおいて生活者の支持を必要とするし、探究の諸段階では提言を生活者に受け入れてもらう必要がある。そして、そのためには、自分たちの（危険度を見積もったり有効な安全策を考案したりする）試みが本来的に抱え込まざるを得ないさまざまな程度の不確実性を率直に認めることも伴うべきであろう。信頼こそが肝要であるからである。信頼がある場合には生活者が自分たちの生活の仕方を望ましい方向に変えてゆく柔軟性をもつこと、私はこのことには疑いをもっていない。

第2章

ヒトはどのような場所に住んできたか～環境適応の二つの形～

佐藤　宏之

はじめに

今日我々の日々の思考や価値判断の基準は、環境という言葉で装飾された様々な環境論に取り囲まれている。歴史哲学による世界認識の場面では、一九世紀以来の国家・国民から一九九〇年代には（地球）環境へと、世界の視界を定位する評価軸のシフトが行われたと主張されている。だが、環境とは、実に広範な範囲を対象とした概念であるので、現実の考察のためには、若干の規定が必要となる。本章では、環境を主に自然的環境と社会文化的環境に大別した上で、人と環境の関係態の変遷を人類史的視座から概括し、人類環境史を環境論に回収することを目指している。七〇〇万年に及ぶ人類史を通して、人はどのような場所に住み生活してきたかを、生物的・身体的適応と社会文化的適応という環境適応の二つの形に注目して論じていく。

七〇〇万年の人類史の中で最大のターニング・ポイントは、今から四～三万年前に起こった現代人の出現と世界への拡散である。それ以前の人類（ヒト）は、環境生態に生物的・身体的に適応することが優先される、生物界の内的存在にとどまっていたが、現代人は、生物的・身体的適応よりも社会文化的適応を優先させた初めての生物となった。この変化は飛躍的・断絶的であり、この結果現在人類が有する環境に対処するための基本的な方策群を、現代人の歴史の最初の段階にほぼ同時に獲得していたと考えられる。いわば、生態適応の層の上に、現代人は社会文化的意味層を架設し、そこから自然を意識的にコントロールし始めたとも言えよう。

今日環境問題と総称される問題群の生成には、遠く現代人の出現以降の歴史的展開相から読みとりを開始すべき基層が構造内的リゾーム状に絡み合っていると思われる。

人類史の時代区分は、その時々の時代背景によって主に進歩史観に基づく発展段階論として語られてきたが、ここでは最新の資料に基づいて、人類と環境の交渉史、換言すればヒトがどのように環境をコントロールしようと試みてきたかという視点から、四つの段階に区分して説明する（佐藤 二〇〇二）。時代画期とは、認知系―行動系―技術系システムから照射される生活構造の変動期をもって行うというのが、現代考古学の画期論であるからである（安斎 二〇〇三：二七二）。従って、各段階間の移行には大幅な年代の重複が認められる。人類史上の構造変動は、実際には単純な発展段階を示さないからである（佐藤 二〇〇二）。

1 直立二足歩行するサル――人類史の第一段階［七〇〇〜一〇〇万年前］

やや乱暴な言い方ではあるが、「直立二足歩行するサル」というのがヒトの生物学的定義となる。この定義に則《のっと》った最古の人類の出現は、今のところ七〇〇万年前を前後する頃にアフリカ大陸でなされたと考えられている。

最古段階の人類化石は、これまで東アフリカの大地溝帯地域でしか発見されなかったので、東アフリカの隆起と乾燥気候の進行という地球物理学的現象に起因する熱帯雨林の消滅とサバンナ化の進行に伴って、雨林環境に適応していた中新世類人猿が地上へ降下し直立二足歩行という運動様式を獲得してヒトとなったという生態学的仮説（「イーストサイド物語」）が有力であった（コパン 二〇〇二）。しかしながら、近年発見されたアファール猿人やラミダス猿人等の古期の初期人類化石の研究から、これらの猿人が半樹上生活性であった可能性が指摘されたことや、最近西アフリカのサヘル地域でより古期の化石人骨（サヘラントロプス）が報告されたこと等から、サバンナ仮説の説明力に関する議論が活発化している。

最古の人類の系統分類学的位置づけに関しては、現在も激しい議論が進行中であるため本論では詳細な検討を避けるが、第一段階は、主にアウストラロピテクス猿人（三七〇～一〇〇万年前）の生活構造を対象とする[1]。アウストラロピテクス猿人は、一〇〇万年前まで生存していたと考えられるが、第二段階の主要な荷担者であるエレクトス原人に系統的進化関係を有すると考えられるガルヒ猿人を除いては、石器等の考古学的資料を残さなかったと考えられるため、その生活活動系を考古学的に推測することができない。ただし、石器が発見されないことは、アウストラロピテクス猿人が道具を使用しなかったことにはならない。それは、枝葉を使ったシロアリ釣りや自然石を使った堅果類の殻の打割等のチンパンジーの道具使用行動が報告されているからで、アウストラロピテクス猿人も当然このようなレベルの道具使用行動が存在したと考えられている。ただし、このレベルの道具は、自然物をそのまま加工することなく使用しているため、考古学的には自然の生成物と分離することが困難であると考えられている。

従って、古人骨資料の解剖学的特徴に基づく運動生理学的分析や、系統分類学上、最も近縁種と考えられるチンパンジー等の類人猿に関する行動生態学的研究、および霊長類の社会生態学的研究、狩猟採集民研究等の成果を援用した次のような推定が行われている。

アウストラロピテクス猿人は、アフリカ東部および南部のサバンナや疎林環境に適応し、植物質食料を中心とし、臨機的な小動物狩猟あるいは肉食獣の食べ残しのスカベンジング（腐肉・骨髄食）によって獲得された動物質食料が補完する集団生活を送っていた。直立二足歩行に身体的に適応していたが、生活構造の全体は霊長類とあまり変わっていなかったと考えられる（佐藤 二〇〇〇）。

2 道具・火・拡散——人類史の第二段階［二五〇～一〇万年前］

(1) 道具の発生と大脳の巨大化

アウストラロピテクス猿人の活躍していた三七〇万年前から一〇〇万年前の中頃にあたる二五〇万年前になると、アフリカ大地溝帯で最古の石器からなる遺跡が発見されるようになる。これらの遺跡から発見される石器群の特徴は、礫を打ち欠いて作り出した簡単な礫器と剥片からなり、解体痕跡を伴う動物骨を共伴している。ちょうどこの頃、最初のヒト属（ホモ属）が登場することから、これらの石器（オルドワン石器群）はホモ属の人類（ホモ・ハビリスおよびホモ・エレクトス）が製作したと考えられている。

石器が出現した理由については多くの仮説があるが、最も有力な説明は、後述する肉食比率の向上と関連させた説である。前述したように、チンパンジーにも石器使用行動が観察されるので、植物の食物処理に自然石を利用した蓋然性は高いが、これは先史時代の石器全てに共通する特徴である鋭い刃部を機能部として利用するものではない。現生狩猟採集民に見るように、狩猟採集生活ではものを切る道具は必然であるが、金属器に代替されるまでその機能は石器が担っていた。植物質資源の利用にはカッティング・トゥールは必然ではないが、鋭い歯をもたない人類には、動物の解体や肉の分割には、石器が欠かせない。従って、肉食比率を高めようとしていた原人の出現に合わせるように、カッティング・トゥールとして鋭い刃部をもつ石器が出現したと説明されている。

ホモ属を代表するホモ・エレクトスは、重要な身体的適応を遂げていた。第一に、アウストラロピテクス猿人には見られなかった大脳の巨大化が開始された。大脳の巨大化は、古期のホモ属から開始され、エレクトス原人の時代を通じて一貫して継続し、ネアンデルタール人の段階ではすでに現代人並の大きさとなっていた。第二に、頭部を除く胴部や四肢の形態は、すでに現代人と比較可能なほどに身体適応を果たしており、安定した持続的歩行・走行を行うことができたと考えられている。頭部（＝大脳）に先行して胴部以下の身体構造が変化したのは、狩猟行動へのすばやい適応の結果であり、高度の情報処理器官である大脳の巨大化はそれに後行することとなった。

ところで、我々の大脳は、全代謝エネルギーの二〇％を消費する高コストの器官である。巨大な大脳は人類の特徴のひとつであるが、栄養生態学的には、植物質食料だけでこの器官を維持することはきわめて困難であるため、その巨大化の過程では、肉食の比率が増大したはずであると考えられる。現代人並の大脳を植物質食料だけで維持すると仮定すると、菜食性のゴリラ同様一日の活動時間の多くを摂食に費やさねばならないことになる。この場合、道具の製作や文化的・社会的活動に時間を割《さ》くことができないので、人類化の達成は期待できない。人類は、肉食への傾斜という行動戦略を選択することで、人類へと進化したのであろう。

現在までの考古学的証拠から、内水面および海洋の水産資源の開発は、現代人の登場した後期旧石器時代（四〜一万年前）に開始され、氷期が終了し気候が温暖化した完新世（一万年前以降）に本格化したと考えられることから、当時肉食は、陸生動物資源を主に開発したと思われる。牙や爪、走力の発達した捕食性哺乳動物とは異なり、ヒトは捕食対象よりも身体能力に劣るため、狩猟は組織的に行わざるをえなかった。相変わらずスカベンジングも行われていたと考えられるが、現生低緯度狩猟民の狩猟法に見られるように、狩猟具により傷つけた動物が失血死するまで追跡する猟法が、次第にその比重を増したことであろう。そのため長距離の持続的歩行・走行を可能にする身体適応が早くに達成されたと考えられる。また直立姿勢は、灼熱の熱帯で降り注ぐ太陽光による熱代謝異常を回避するのに有効に働いた。さらに前肢が解放されて道具の製作と運用が容易となり、狩猟具の活用、後述するホームベースへの食物運搬とそこでの分配行動を可能にした。

肉食の効率化のためには、狩猟組織と猟法に関わるシステムの発達が必要となり、そのためには高度な認知システムと情報処理能力の発達を誘発する。それが大脳のさらなる発達（＝巨大化）を促すといった両者間の相互依存的ループ関係が生じたのであろう。ますます巨大化する大脳を維持するためには、動物狩猟の恒常化とさらなる効率化が必要で、そのためには社会構成員間の組織化のための社会化の進行が要求されることになる。多くの生存戦略の中から人類（ホモ・エレクトス）の選択した方策は、組織的狩猟による動物質食料の効果的開発というものであった。ちなみに、同時期以降に長期にわたり併存していたアウストラロピクテス猿人は、植物質食料（特に果実）に食性を特化させるという戦略を選択した結果一〇〇万年前頃に絶滅したと考えられる。

(2) ネオテニー

およそ生物には、もって生まれた構造的特質があり、環境変化に対する身体適応（＝進化）もその範囲内で行わねばならない。初期人類における脳の巨大化にも、同様の系統進化上の制約があった。それは新生児産出に関する身体構造上の適応である。

初期人類の新生児産出様式は直接証拠によっては知られていないので、類人猿のそれから類推すると、産出後の新生児がただちに生存能力を有する早成性であったと考えられる。樹上環境に適応しているサルは、新生児であろうともブラキエーション（枝渡り）ができないとただちに死に至る。そのため母胎内で十分成長可能な妊娠期間を確保している。

早成性を確保するためには母体内で十分に発育した後に出産する必要があるが、巨大化しつつあったエレクトス原人の頭部（＝大脳）は、やがてそのままでは産道を通過することが困難となったであろう。骨盤の横方向への拡大によって十分な産道を確保するという身体適応でも対応は可能であるが、この適応形態は、直立二足歩行という運動様式が要求する現代人型の細身の骨盤構造という身体構造と正面から対立することになる。人類は、結果として直立二足歩行の効率化という戦略を選択したため、産道の維持と拡大では対処できなくなり、その結果早成性を確保するほどには十分成長してはいないが、産道をぎりぎり通過可能にまで成長した胎児を出産する様式を採用した（ネオテニー）。そのため、人類の新生児は、出産時以降一年ほどは自らの能力で生存することができない二次的晩成性新生児となり、親の徹底的な保育が必要となった。幼年期を延長するというネオテニー（幼形成熟）と呼ばれるこのような適応は、本来生物には広く認められる身体適応の様式である。人類は、無力な新生児の育児コストが増大しただけではなく、成人まで成熟する間の幼年・少年期も延長されたと考えられる。

幼年・青年期間の延長は、初期人類にとってはおおきな負担となったはずであるが、逆にこの期間が生物学的適応によって保証されたため、文化伝習や教育に必要な期間が確保されたとも言える。後の人類が、社会文化的適応を発達させ高度な文化や複雑な社会を構築することができた理由には、単に大脳の巨大化だけではない生物学的基盤も用意されていたことを見落としてはならない。大脳の巨大化の代償として、人類は子供を長期間養育せねばならないというきわめて加重な育児コストを負担することになった。

(3) ホームベース戦略と出アフリカ

この身体適応を達成するために人類が採用した行動戦略を説明する仮説は数多く提案されているが、そのうちではホームベース戦略説が最も合理的と考えられる。それは、集団生活を送っていたエレクトスは、増大する保育の負担と狩猟の効率化を両立させるため、もっぱら育児に専従せざるをえない女性や、成人よりも身体能力に劣る子供・老人を、猛獣の襲撃等の危険を回避できる安全な生活拠点(ホームベース)に置き、成人男子は生活拠点から離れた場所で集団的な狩猟活動や資源開発を行うという説で、初期の遺跡に残された考古学的証拠や現生狩猟採集民に見られる性別・年齢別の生活行動の分業の証拠からも支持される。女性たちは拠点およびその周辺で育児と植物質食料の採集活動に従事し、男性は遠くで狩りをするという活動戦略は、今日の狩猟採集社会で一般に見られる最小の社会単位、すなわち家族を形成する最初の契機であったと思われる。ホームベース戦略説は、現在広く支持を集めているが、この戦略がいつ頃から開始されたかという点で議論が分かれている。

この身体適応と行動・社会適応の共進化により、人類はこれまで適応してきた主要な生態環境であるアフリカの疎林・サバンナ帯以外の異なった環境に適応することが可能となった。生態学的に見ると、植物は気候的・地理的条件によく反応した細密な分布特性を有するため、植物質資源依存者は、通常主体的に利用している植物の分布に強く規制されるが、食物連鎖の上位者である肉食依存者は、特定の捕食対象に限定しない限り、動物資源に依存する割合が高くなるほど分布を広げることが可能となる。肉食の比率を増大させた人類は、異なる生態環境に適応を広げることに成功し、考古学上の証拠から一八〇〜一五〇万年前頃にはアフリカ大陸以外の旧大陸の熱帯・温帯地域に分布を広げたと考えられる（第一次アウトオブアフリカ）。

最初の出アフリカの年代に関する考古学的証拠は、近年急速に書き換えられつつある。一九八〇年代までの知見では、一〇〇万年前頃とおおまかに考えられていたが、九〇年代以降、イスラエルのウベイディア遺跡（一四〇〜一三〇万年前）、グルジアのドマニシ遺跡（一八〇〜一六〇万年前）、中国の小長梁遺跡（一六〇〜一七〇万年前）、ジャワのサンギラン遺跡（一六〇〜一七〇万年前）等の年代が報告されるにつれて、ホモ・エレクトスの出アフリカの年代は飛躍的に古く考えられるようになった（木村二〇〇二）。

やがてエレクトス原人は、旧大陸各地に広がり、一〇〇万年前頃になると初期の古拙なオルドワン・インダストリー[2]（オルドバイ文化）の段階から優美なハンド・アックスを有するアシューリアン・インダストリー（アシュール文化）へと技術進化を遂げた。議論の余地を多分に残すが、最古の住居と火の使用の開始もエレクトス原人からであった。

最古の住居については、その認定基準を巡って意見の一致を見ていない。かつてはオルドワイ遺跡群DK地点で検出された石敷遺構（一八〇万年前）が世界最古の住居跡として著名であったが、最近では人為ではないと考えられている。イタリアのイゼルニア・ラ・ピネータ遺跡（七三万年前）の類例についても同様な見解が有力である。今のところ確実視されているもので最も古い一群は、南西フランスのテラ・アマタ遺跡（三八万年前）の平地式石組み住居と同ラザレー遺跡（一三万年前）の洞窟住居跡等のアシューリアンの住居である。

住居同様、火の使用の起源についても、議論は分かれている。一〇〇万年前を遡る年代が与えられている東アフリカの遺跡からは焼けた動物骨が出土しているが、自然為と考える研究者も多い。考古学的に火の使用を認定するには、炉の跡を検出する必要があるが、最古段階の炉跡としては、ハンガリーのベルテスゼルス遺跡（五〇万年前）や中国の周口店遺跡（五〇万年前）、ザンビアのカランボ・フォールズ遺跡（二〇万年前）等が知られている。しかしながら、最近最古の火の使用として著名な周口店遺跡第一〇層例については否定的な意見も相次いで提出されており（Weiner et al. 2000）、確定的なことを述べる段階ではない。

最初期段階の住居の構築と火の使用痕跡の考古学的な検出は非常に難しいが、三〇万年前のアシュール文化期には、すでに両者の確実な使用痕跡が確認されている。住居の構築がアシュール段階には開始されていたことは、ホームベース戦略が少なくともこの段階には一定程度確立していたことを示している。また、炉を設けて火を管理することに成功したことは、それまで可食することができなかった低度の含毒植物等の食物を利用可能にし、加熱によってビタミン・ミネラルや各種栄養素の消化・吸収を飛躍的に促進させたであろう。さらに、住居構築と併用することで、猛獣を避け、採暖・採光を可能とし、団欒《だんらん》の場を与えたことで社会的コミュニケーションの発達に大きく寄与したと思われる。このような技術的発達が、人口の飛躍的増大や分布範囲の拡大を支えた。しかしながら、エレクトス原人によって開始された火の使用の証拠は散発的なため、自然火の利用と管理程度であった可能性も高く、それが自在にコントロール可能となったのは、寒帯までの進出を果たした次の段階のネアンデルタール人からであると考えるのが、現在最も妥当な見解であろう。

(4) 前期旧石器時代の世界

現在の考古学上の証拠から、アフリカを脱したエレクトスは、まず西アジア・インド・東南アジア・中国等の旧大陸の熱帯・温帯地域に拡散し(一八〇万年前頃)、住居活動や火の管理といった技術革新に支えられて、その後やや寒冷なヨーロッパに広がった(五〇万年前以前)と考えられる。初期の人類文化は、基本的にオルドワンに属していた可能性が高いが、本格的な拡散を遂げるのは、次のアシューリアン段階と考えられる。ただし、H. Movius Jr. が指摘したように、三〇万年前頃に旧大陸に広がったハンド・アックス(両面加工石器)石器群は、インドから中央アジアにかけての地域を境(モヴィウス・ライン)に、西側ではアシュール型両面加工石器を指標とするアシューリアンが、東側には尖頭礫器石器群が分布していた(Movius 1949)。前期旧石器時代(二五〇~一〇万年前)後半段階に登場した東西の考古学的な文化の異なりは、これ以降現在まで基本的に継続している。この違いは、乾燥気候を主とする西側世界と湿潤気候を主とする東側世界への適応の差異が主因であろうと見なす生態学的説明がなされている(藤本 一九九四、佐藤 二〇〇一)。東洋と西洋といった比較文明論的な価値観・文化観の差異がこれまで頻繁に議論されてきたが、その形成プロセスは人類史的深みを有していた可能性が高い。

この段階の終末は、ホモ・エレクトスの消滅と一致していると考えられるが、旧大陸の各地で相当に異なると予想されている。次の第三段階の出現は、調査・研究の進んでいるヨーロッパ・西アジア・アフリカ等では比較的知られており、三〇〜二〇万年前頃と考えられているが、旧大陸の東側では不分明である。ジャワ島では一〇万年前頃までエレクトスが生存していた可能性が高いので、東側世界における第三段階の出現は西側に相当遅れると予想されるが、正確な年代はよくわからない。

3　寒帯への適応——人類史の第三段階［三〇〜三万年前］

(1)　ネアンデルタール人の身体適応

最近のDNA系統進化学によれば、五〇万年前頃に原人からネアンデルタール人が分化して出現したらしい。少なくとも三〇万年前頃には各地の原人から古代型ホモ・サピエンスが出現したという仮説が有力であるが、このような収斂《しゅうれん》進化のメカニズムは説明されていない。例外的に豊富な化石人骨資料を有するネアンデルタールの例では、八〇万年前頃の人骨にすでにネアンデルタール的な形質が散見されるようになるが、その全てが出そろい安定するのは二〇万年前と考えられるので、これ以降をネアンデルタール人、それ以前の前者をプレネアンデルタールと呼んでいる（奈良二〇〇三）。一方先史考古学では、この第三段階は中期旧石器時代とされ、ルヴァロワ技法という特殊な石器製作技術を有するムステリアン（＝ムスチエ文化）に代表されるが、ムステリアンの初現は、三〇万年前頃と考えられる。第三段階を代表するのは、ヨーロッパ・西アジアに分布する古代型ホモ・サピエンスであるネアンデルタール人であり、その文化はムステリアンと考えられることから、ムステリアンの存続年代をもって第三段階を規定する。

ネアンデルタール人は、氷期の気候環境に身体適応した人類であった。現代人に比べて、頑丈な手足と筋肉、巨大な脳・鼻、オトガイのない突出した顔面、頻繁な骨折といった身体の特徴は、氷期のヨーロッパのような寒冷気候下で定着的な狩猟活動に特化したハードな生活を送っていたことを物語っている。ヨーロッパや西アジアに数多く残されている中期旧石器時代の遺跡の内容から見ると、ネアンデルタール人はすでに組織的な狩猟者であり、安定した火・住居・道具の使用者であったが、最後の氷期に登場した現代人が長距離移動の行動戦略によって各種資源の集中的・計画的利用を行っていたのと対照的に、身体適応を優先した非計画的な資源利用に終始していたと考えられる。

(2) 技術革新と行動進化

石器製作技術上、ネアンデルタール人の開発したルヴァロワ技法は、革新的な技術であった。アシュール型両面加工石器は、洋梨形ないしアーモンド形をした優美なハンド・アックス(=礫核石器)であり、それを形作るために打ち割られた石片は、簡単なカッティング・トゥールとして利用されたとしても、多くは屑として捨て去られた。この両面加工石器を、剥片石器を作り出す素材(=石核)に変換したのがルヴァロワ技法である。ルヴァロワ技法においては、これまでうち捨てられていた石片が製作の目的物となるため、均質であらかじめ決められた形態の剥片を生産可能なように、入念な石核調整が行われる。

今日石器製作における文化的個性を分析する方法として動作連鎖論が先史考古学で注目を集めているが、その創始者であるルロワ＝グーランは、初期人類の石器製作に始まり現代人のそれに至る過程で、技術的身振りや動作の連鎖が大変複雑化し、その習得には、集団内での学習行動が必至なことを明らかにした。さらに、グーランは、石器生産の経済効率を示すために、一kgのフリント塊から有効な刃渡りがどれほど生産可能かを例示したが、それによれば前期旧石器時代の両面加工石器が四〇cmにすぎないのに対し、ネアンデルタールのルヴァロワ技法では二〇〇cm、現代人の石刃技法では二一、〇〇〇cmにも及んでいる（ルロワ＝グーラン　一九七三）。

この技術革新の結果、貴重な石材を有効利用することが可能となり、ある程度の大きさの原石を携帯すれば、遠くの場所で石器を使用した狩猟採集のような生活活動を展開することが可能となった。つまり、少なくとも行動が、以前ほどには道具製作に強く規制されることがなくなったのである。

ルヴァロワ技法の出現以降、人類の主要な利器である石器の製作技術は、この技術の修正によって果たされた。ルヴァロワ技法からは、楕円形・三角形・石刃形の目的剥片が生産されたが、後期旧石器時代に登場した現代人の石器製作技術は、石刃の集中生産（石刃技法）[3]であった。均質で規格的な石刃をより効率よく量産できる石刃技法は、ルヴァロワ技法に比較するとより石材消費効率が飛躍的に改良されたため、遠距離での自由な資源開発行動を担保した。

ネアンデルタール人は、洞窟や開地に住居を造り、そこを拠点として遺跡周囲の資源開発をもっぱらとする、狩猟に比重を置いた種々の狩猟採集活動を行っていた。最近のネアンデルタール化石人骨の骨コラーゲン分析による炭素・窒素同位体食性分析の結果では、八〇％にも及ぶ高い肉食依存率を示している例も報告されている。開地住居は、簡単なテント状構築物であったが、中央に炉をもっていた。ロシア・ウクライナ平原では、当時ツンドラ環境にあったため木材資源に乏しく、ためにマンモスの牙や骨を組んで住居を構築したことで著名である。

ネアンデルタール人は、穴を掘って遺体を埋めたことは確実であるが、それを墓と認め簡単な葬制が存在したと見なすかどうかで現在激しい論争がある。ネアンデルタールの「墓」の例は一〇〇以上にのぼるが、副葬品の埋葬例がほとんどない。これは初期現代人（後期旧石器時代人）であるクロマニョン人の墓と最も著しい対照をなしていることから、遺体に引きつけられる肉食獣の危険を回避するために穴に埋めただけとする意見も強い。なお、有名なイラク・シャニダール洞窟の「花を手向けた墓」についても、最近では花粉分析に問題があるとする否定的な意見が有力である。

現代人に見られるような社会文化的適応行動を「人間らしさ」と呼ぶとすると、ネアンデルタール人にどれほどその萌芽が認めるかが、現在の先史考古学の主要な論争のひとつを形成している。とはいえ、ネアンデルタールを含む古代型ホモ・サピエンスの登場により、極北地域を除く旧大陸中に人類の足跡が広がったことは確かである。

初期人類に始まる身体を主とし行動および技術を従とする環境生態への適応という方法は、基本的に生物一般に通有な適応形態であり、ネアンデルタール人がその頂点であったとも言えよう。一方現代人は、生物進化で言う適応の方式を脱した初めての種であった。起源地である熱帯に適応した身体構造をそのまま維持しながら、極寒の地や大陸から遠く離れた離島までのあらゆる環境に、社会文化適応という新しい方式で適応を果たしたのである。

4　創造の飛躍――人類史の第四段階［二〇万年前〜現在］

(1)　ミトコンドリア・イブ

現代人（現代型ホモ・サピエンス、解剖学的現代人）の起源に関する探求は、古くから科学上の主要な関心であり続けた。一九世紀中頃のネアンデルタール人の発見以降、人類学を中心にこの議論はより活発化したが、一九八〇年代まではいずれの議論も、現代人以前の人類からの漸進的な系統進化を前提としていた。わずかにストリンガー等一部の形質人類学者が、化石人骨の形態比較から、現代人のアフリカ起源説を主張していたにすぎない。ところが、八〇年代後半に提案されたミトコンドリア・イブ説によって、状況は一変する。確実な母系遺伝子である母親の胎盤にある細胞小器官ミトコンドリアのＤＮＡの系統進化を遡及することにより、現代人の母系祖先（イブ）は、二〇万年前のアフリカにたどられることが報告された。現在の遺伝進化人類学の知見によれば、現代人は、二〇〜一五万年前頃アフリカにいた原人の小集団に起こった突然変異により誕生し、急速に人口を増やして旧大陸中に広がり、三〜四万年前頃には各地で古代型ホモ・サピエンスと置換したと考えられている。初期人類の発生から時代を追って漸進的に進歩してきたと考えてきた伝統的な人類史の枠組みが解体され、ネアンデルタール人と現代人は直接の系統関係を有さないとする学説は、科学界全体にも大きな衝撃を与えた。

しかしながら、この学説には、近年の考古学資料からの支持もある。コンゴのカタンダ遺跡では、後期旧石器時代以降に出現するはずの骨製銛頭が九〜七・五万年前と年代測定された。南アフリカのクラシーズ・リヴァー・マウス遺跡群では、これも後期旧石器時代を指標すると考えられてきた石刃技法と幾何形細石器を主体とするハウィソンズ・プールト文化が発見され、七万年前と推定されている。このほかアフリカや西アジアでは、後期旧石器的な特徴をもつ考古資料が後期旧石器時代（四〜一万年前）を遡る年代を有する例が各地で報告されており、現代人のアフリカ起源説を示唆する資料と考えられている。

(2) 第二次アウトオブアフリカ

ＤＮＡ進化学は、やがて化石人骨自体からのＤＮＡの抽出と分析にも成功するが、化石人骨自体稀少であるため、それ自体だけでは現代人の拡散のシナリオを十分描くことができない。それに比して考古学的資料は豊富にあるため、それらの証拠に基づいて、以下のようなシナリオが現在有力である。

二〇〜一五万年前頃アフリカに出現した現代人は、最初は小集団であったがやがて人口を増やし、一〇万年前頃にアフリカから西アジアへと拡散した。その後中央アジアへ、そして五万年前には無人の大地であったオーストラリアへ渡海による植民に成功する。四万年前頃にはヨーロッパを含む旧大陸全体に広がったが、この段階で人類史上初めて現代人ただ一種の人類世界を実現した。実は、これ以前の人類世界は、常に複数種からなる種社会を構成していたと考えられ、しかも近縁複数種が適応放散し安定するのが生物社会の常態であることから、現代人の世界制覇がいかに異常な事態であるかよく理解できる。

現代人はその後も拡散を続け、それまで人類が未踏の地であった極北にまで進出した。一万二〇〇〇年前には酷寒のベーリンジア（陸化したベーリング海峡地帯）を通過して新大陸に進入し、一、〇〇〇年にも満たない時間の中で、南アメリカ南端に到達した。そして、紀元前四〇〇〇年頃から、南中国ないし東南アジア大陸部から大洋州への拡散を開始し、紀元後一〇〇〇年頃にニュージランドに到達することにより、南極を除いた地球上全ての地域に拡散を果たした。

現代人以前の人類に比べて、現代人の進化的成功は巨大である。その理由を考古学的証拠から検討してみたい。

(3)　後期旧石器革命

旧石器時代の長い研究の歴史をもつヨーロッパでは、ネアンデルタール人とクロマニョン人の考古学的証拠の質の違いが古くから期論されてきたが、最近では主に考古現象の行動論的差異やその飛躍的・断絶的変化を強調する意見（後期旧石器革命説）が強い。

ネアンデルタール人が主体者であったと考えられるムステリアン文化と、現代人が主体者であったと見なされる後期旧石器時代の諸文化の間には、行動戦略上の顕著な差異が認められる。ネアンデルタール人は、ひとつの遺跡に比較的長期間定着して周囲の資源を開発していたため、植物質食料の比率が高く、狩猟動物が多種にわたる傾向を有する。それに対して、現代人は、生活適地の間を計画的に移動しながら、最も効率的に資源開発を行ったため、遺跡からは特定の狩猟対象獣に集中する傾向が強い。例えば、次第に寒冷化しつつあった北西ヨーロッパでは、当時ツンドラ草原が卓越していた。そこには、捕獲可能ならば、群生することによって最も資源として安定するトナカイが遊動しており、現代人は事実これを主要な狩猟対象としていた。トナカイはきわめて長距離を移動する生態を有しているため、ネアンデルタール人の技術組織ではこれを組織的に狩猟することは困難であったに違いない。

トナカイに代表される草食性哺乳類の狩猟のためには、狩猟具となる石器の原料である石材を高度に有効利用する製作・使用システムが確立されていなければならない。現代人は、ほぼ全ての石器を石刃から製作可能な石刃技法の確立によって、これを果たしていた。また、当然ながら、戦略の組織化のためには、行動の計画性と予見性を高めねばならない。計画的行動の発達は、特定の地域を集団が占有的に利用する地域性を発生させるが、後期旧石器段階のヨーロッパでは、中期旧石器段階に比べてはるかに多様かつ複雑な地域文化・社会を発現させていた。特定集団の領域が形成されるためには、社会の一層の組織化と他の集団から区別するアイデンティティーの形成が必要となる。装身具・洞窟壁画・彫像といった精神活動を示す資料が、後期旧石器時代になって登場するのはこのためであろう。このような特別の製品だけではなく、石器のような通常の道具にも、特定の地域的分布をもつ様式が発生している。そして、精神的な製作物や他様式の道具が、領域を越えた遠く離れた地域で発見されることから、すでに［生活のため小集団］／［それらを統合する地域集団］／［様式圏］／［交換・交易圏］といった社会の階層構造が出現していたと考えられる。各種装身具や特に丁寧に作られた道具等を副葬した墓も多数検出されている。葬制の一般化や装身具等の特殊遺物の存在は、こうした複雑化した社会活動を支える精神性の高度化を意味し、同時に他者から自己を個別する象徴として機能したと考えられる。象徴活動は、ネアンデルタール人には見られない特徴でもある（佐藤一九九八）。

こうした行動や精神性の全てにわたる変化は、少なくともヨーロッパにおいては、四万年前頃を境にほとんど同時に起こりしかも体系的かつ飛躍的であることから、アフリカ起源の現代人による先行人類であるネアンデルタールとの置換と考えられている。ただし、この置換が現代人による絶滅行動によるのか、圧倒的な人口を有していた現代人に、ネアンデルタールが遺伝的に飲み込まれてしまったのかは意見が分かれている。レバントのカフゼー、スフール両洞窟遺跡の早期現代人（九万年前頃）がムステリアンを保持していたこと、あるいは後期旧石器時代初頭の石刃石器群であるシャテルペロニアンの荷担者がネアンデルタールであったらしいこと等の考古学的事実が知られることから、考古学的時間で見れば飛躍的な変化に見えても、実際には両者は相当程度共存していたと考えられる。がしかし、共存期間後にネアンデルタール人が絶滅したことも確かである。

(4) 心の進化

人間の性向や行動原理・意志決定に働く心理的諸因子を、人類がその歴史の九九%以上を送ってきた狩猟採集社会時代に形成された認知構造の歴史的経路によって説明しようとする進化心理学が近年盛んであるが、前述した「後期旧石器革命」をこの進化心理学を使って認知考古学の立場からミズンが説明している（ミズン 一九九八）。

ミズンは、霊長類および人の心が、社会的知能・博物的知能・技術的知能・言語そして一般知能の各モジュール（認知領域）から構成されると仮定し、初期人類からネアンデルタール人までは基本的に各モジュールが統合されていないが、現代人は突然それが統合され流動モジュールが形成されたと考えた。つまり、現代人の突然変異とは、身体よりもむしろ認知構造に顕著に表れたと考えたのである。

ミズンの認知考古学的説明を検証するのは大変困難ではあるが、これまでのところ前述した考古学現象を最もよく説明することは確かなので、考古学者の間では支持者が多い。

5　定住のもつ意味

(1) 完新世と定住戦略の採用

現代人の世界制覇を可能にした要因のうち重要な要素をあげるとすれば、第一に人口の増大がある。四万年前から一万年前にかけての後期旧石器時代は氷河時代であり、人類は突然かつ急激に変動するきわめて不安定な気候環境下で、社会的集団関係を維持・発展させながら、北方地域を中心に広域間を遊動する生活行動戦略を採用していた。しかし、一万年前に氷期が終わり完新世に入ると、気候環境は一転して温暖化し、同時に氷期とは比較にならないほど安定した。更新世末（氷期末）の世界では、新たに人類の進入した新大陸やオーストラリア大陸等に代表されるように、世界最大規模の大型動物の大量絶滅が起こるが、これは気候変動に伴う生息環境の激変と、人類の組織的な狩猟活動の帰結であろう。

完新世の安定した新しい気候環境下で人類は、広域を遊動しながら大型獣を組織的に狩猟する戦略の重視から、地域生態系の計画的・組織的開発を意味する、中・小型獣狩猟と植物質食料の採取を組み合わせた多角的な資源開発戦略の重視へと、行動戦略の基本を転換させた。その代表的な居住＝行動戦略が定住である。

気候の温暖化に伴いツンドラや寒帯草原は北方へ退き、かわって森林が拡大したため、温帯地域を中心に、狩猟対象は草原性の群集哺乳類から森林性動物に置換した。森林性動物は、群生せず森林の中に均等に散在して生息するため、近距離からの命中精度の高い弓矢が世界中で採用された。東アジアを中心に、植物質食料の煮沸処理に有効な土器が発明され、可食森林資源の大幅な拡張と大量利用が可能となった。すでに後期旧石器時代を通じて増加していた人口圧のため、新しい環境下ではもはや特定資源の開発だけでは人口を支えきれなくなっていた人類は、集団領域のより一層の多角的・効率的開発に努めるようになり、その結果各地で個別に定住生活に突入していったと考えられる。

(2) 定住と農耕

このように、定住戦略は、完新世の温帯地域の人類が広く採用した適応戦略であるが、この地域の中で、植物質食料の利用をより重視する戦略を採用した地域集団の中から農耕が生まれた。現在の知見では、農耕と牧畜の起源は、南西アジア・中国・新大陸等でそれぞれ独立して、異なった栽培植物・飼育動物を対象に開始されたと考えられている（ダイアモンド 二〇〇〇）。

ところで、従来農耕導入の結果は、文明を発達させた起源として正の意義のみが強調されてきたが、例えば骨コラーゲンの食性分析によれば、初期農耕社会の人々の栄養状態は、同時に存在していた狩猟採集民に比べて相対的に悪化していることが多数報告されている。とすれば、なぜこのような戦略が選択されたかということであるが、正確にはよくわからない。しかしながら、世界各地で独立して農耕が発生している事実を考慮すると、何らかの利点があったものと考えねばならない。結果的に言えることは、農耕が圧倒的な人口支持力を有していることが注目される。単位面積あたりの人口支持力では、農耕社会は狩猟採集社会の一〇倍以上の数値をもつことも報告されている。初期の農耕地帯はきわめて限られていたが、爆発的な人口の増大により圧倒的な人口を抱えるようになった。この農耕人口が周囲に拡散して農耕地帯を広げ、やがては文明や国家という装置を通して、世界中に農耕戦略の優位をもたらしたと考えられる。ネアンデルタールとの置換同様、異なる生業を携えた圧倒的多数の新来の集団が、既存の在地集団の生業システムを、さらには社会文化的価値観や世界観をも大きく書き換えてしまったのであろう。そしてこれが、農耕優位の文化・文明観を人類にもたらした。このとき、「野生の思考」が「科学的思考」によって駆逐されたのかもしれない。

6　人類史から見た環境論の視座

以上見てきたように、人類史の視座から見た場合、人類の歴史には進歩のような一定の方向性があったわけでは決してない。その時々の生態環境条件に呼応して、自らの身体的・社会文化的能力に即応した戦略を選択し生存を果たしてきた。ところが、現代人の登場以来、選択した戦略の成功は、結果として圧倒的な人口増大をもたらした。同一の戦略に荷担する集団の急激な人口増は、流出する人口とともに、周囲を同じ戦略に同化させる効果をもたらした。

一方、少なくとも人類の身体と認知の構造には、過去七〇〇万年間の九九％以上の時間にわたって採用されてきた狩猟採集生活・社会に適応した基本構造が内置されており、それが農耕に代表される定住生活・社会の適応行動との矛盾をもたらす根本原因になっているとする主張が、今日進化心理学・進化医学等の分野からなされている。確かに考古学的に見ても、定住社会は、国家や法制度・社会規範等を通じて、「身体や脳に刻み込まれた」適応手段とは非常に異なった、あるいは正反対の行動戦略と社会的関係に対する対処法を人類に強制しているように見える。現在の政治や経済システム上、あるいは合理的・合目的的に合意可能に思える環境対策の実行にあたっても、こうした人類史の歴史的な経路を経て形成されてきた多様な知的戦略や認知・身体構造を考慮する必要がある。

【注】

1 最古段階の人類の系統関係に関する議論は、最近とみに混迷を深めている（河合 二〇〇三）。しかしながら、この議論は本論とは直接関係しないため、三七〇万年前頃に出現し最も繁栄した後一〇〇万年前頃に絶滅したアウストラロピテクス属を、第一段階の主要な荷担者と考えておく。

2 インダストリーとは、ある一定の製作技術上の特徴を共有する考古学現象を指すテクニカル・タームで、石器・土器・骨角器等の道具類に対して用いられる。一万年前までの旧石器時代の考古学的資料の大部分は石器から構成されているため、石器インダストリーから考古学的文化の内実を推定しているので、各インダストリーを考古学的文化の単位と見なしてもよい。

3 石刃は、縦の長さが横幅よりも二倍以上ある細長い縦長剥片を指して用いられる。石刃自体は、前期旧石器時代から見られるが、本格的に使用されるのは後期旧石器時代からである（安斎 二〇〇三）。

【引用・参考文献】

安斎正人 二〇〇三、『旧石器社会の構造変動』同成社

木村有紀 二〇〇一、『人類誕生の考古学』同成社
河合信和 二〇〇三、「人類の起源はいつまでさかのぼれるか—アフリカなどで発見続く〝最古〟の化石」『朝日総研リポート』一六二号、一〇〇–一二一頁
Y・コパン［馬場悠男・奈良貴史訳］二〇〇二、『ルーシーの膝』紀伊国屋書店
佐藤宏之 一九九八、「後期旧石器人の社会はどう変化したか」『科学』六八巻四号、三三七–三四四頁
佐藤宏之 二〇〇〇、「人類進化と適応行動」『人類の適応行動と認知構造』八ヶ岳旧石器研究グループ、一–一三頁
佐藤宏之 二〇〇一、「日本列島に前期・中期旧石器時代は存在するか」『科学』七一巻四・五号、二九八–三〇二頁
佐藤宏之 二〇〇二、「先史時代の生活から」神田順・佐藤宏之編『東京の環境を考える』朝倉書店、一–二一頁
J・ダイアモンド［倉骨彰訳］二〇〇〇、『銃・病原菌・鉄』上巻、草思社
奈良貴史 二〇〇三、『ネアンデルタール人類の謎』岩波書店
藤本強 一九九四、『東は東、西は西』平凡社
S・ミズン［松浦俊輔・牧野美佐緒訳］一九九八、『心の先史時代』青土社
A・ルロワ＝グーラン［荒木亨訳］一九七三、『身ぶりと言葉』新潮社
Movius, Jr. H. 1949, "The Lower Palaeolithic Cultures of Southern and Eastern Asia." *Transactions of the American Philosophical Society,* n.s. vol.38, pp.329-420.
Weiner, S., O. Bar-Yosef, P. Goldberg, Q. Xu and J. Liu 2000, "Evidence for the Use of Fire at Zhoukoudian." *Acta Anthropologica Sinica*, supplement to Vol.19, pp.218-223.

第3章
在地社会における資源をめぐる安全管理〜過去から未来へ向けて〜

菅　豊

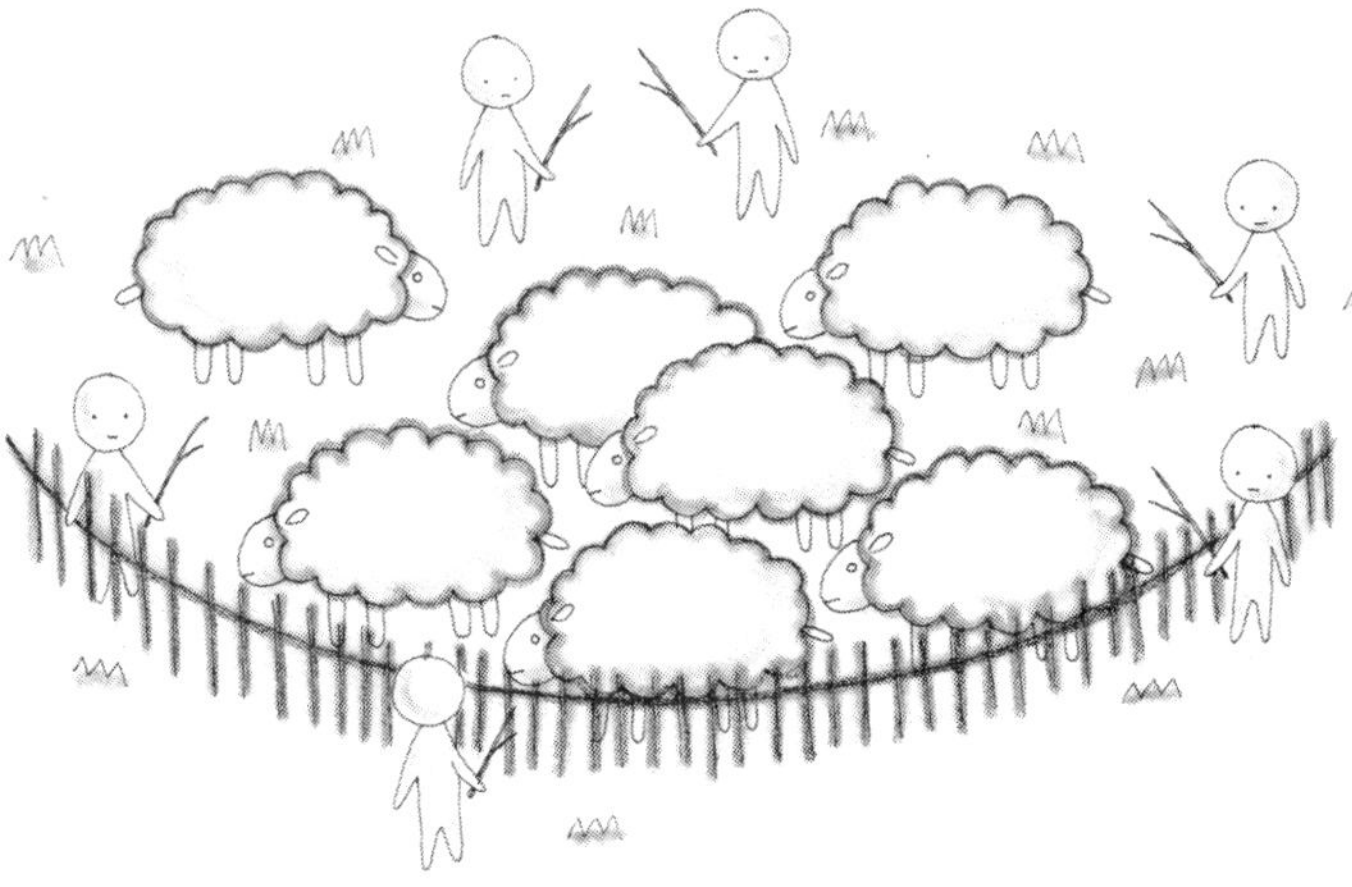

はじめに

資源とは、人間が必要とする有用なモノやコトである。ただし、「資源」は所与の存在ではない。資源はあくまで概念であり、人間の認識に基づく位置づけ・意味づけなくして人間の前に登場しない。つまり、資源は、主体としての人間と客体としてのモノやコトとの関係性によって括《くく》り取られ、思惟によって加工された結果、「資源」と表現されるのである。その関係性は、人間にとっての有用性によってほぼ規定される。

現在、様々なモノやコトが資源となっている。物質的な自然物以外にも、人間は価値を見出し、また生み出して、利用してきている。たとえば、それは「文化資源」と表現されるものであり、「人工的に生み出された非物理的、非物質的、不可視的な有益なコト」と考えられる。具体的には、情報や知識などという非物質的存在は、その最たるものであろう。

しかし、本章では、人間によって認識されることによっていかようにも生じる資源ではなく、もう少し本源的な資源をまずは取り扱いたい。その資源は、植物や動物、鉱物資源、大気、水など可視的、物質的なモノである。それらは人間に直接利用されることによって価値を付与され、資源という特別な位置づけがなされてきた。ときに「自然資源」と表現されることもあるが、その意味は「自然界に存在する物理的、物質的、可視的な有益なモノ」という意味でとらえられる。人間は、そのような資源を利用して、生活、あるいは生存してきたのである。したがって、資源の質や量は、生活や生命そのものに直結している。すなわち、資源は、人間の安全保障と深く関わってきたのである。その自然資源の重要度は、在地社会において、より鮮明にあらわれる。在地社会においては、資源そのものが生活物資である。そのために、在地社会では、資源の確保、利用、分配などに関し種々多様な工夫をこらしてきた。

本章では、自然資源と直結する在地社会において、人々が、資源をめぐる様々なリスクに臨《のぞ》んだときに、いかなる生活戦略をとってきたのかを考察する。

1　在地社会の資源をめぐるリスクの二つの側面

(1)「在地社会」とは

本章で、在地社会と表現する社会は、近代が席巻《せっけん》する以前より存在し、前代の生活論理を継承しつつも、近代において新しい論理を吸収し、新旧の論理がもつれあって実体をなすような社会を想定する。それは、国家などの大きな単位ではなく、地域共同体（community）程度の単位を想定する。在地社会の成員は、利害をある程度共有し、リスクに関してもある程度共通した観測をもっている。あるいは、その社会は、個人の行動を左右する――抑制したり変更したりする――システムの構築と維持の能力を有している。ある程度共通した社会的価値観、倫理観を生み出せる社会である。

比喩的には〝顔のみえる人間関係〟の上に成り立った社会で、その社会は実質的な適正規模をもっている。"実体として認識できる社会規模"と言い換えてもよい。そのような在地社会は、当然、原理的には「中央」「都会」「都市」にも存在し得るが、やはり「地方」「田舎」「農村」といった場所に典型的に見出されるといってもよいであろう。日本でも、在地社会は、普通のムラやマチとして各地に存在する。また、世界中どこにでも、在地性の程度こそあれ、在地社会は存在し続けている。

在地社会は、近代の影響をまだ強く受けない時代には、今と比べて相対的に均質性の高い社会であった。当然、資源をめぐるリスク管理の合意形成の手法の容易さ、そして、合意された事柄の実現可能性は、現在の非・在地社会とは異なっていたはずである。また、相対的な技術力の低さは、資源に関するリスク自体の質の違いをもっていた。

そもそも、在地社会における資源をめぐるリスク管理は、ほとんどが経験的、あるいは経験に基づいた伝承的なリスク認知に裏づけられており、現代社会において、想起されるような予防原則（Precautionary Principle）などの判断法は、ほとんど存在しなかった。そこにあるのは、生命維持を最低の目的とした試行錯誤的リスク軽減、あるいは安全技術の向上でしかなく、生きながら、生きるための手法を変えていくという「順応的管理（adaptive management）」的なリスク管理であったと考えられる。

(2)　在地社会の資源をめぐる二つのリスク

在地社会における資源をめぐるリスクは、大きく二つの側面からとらえることができる。まず、第一が人間と資源の関係にあらわれるリスク、そして、第二が人間と人間の関係にあらわれるリスクである。

第一の人間と資源の関係にあらわれるリスクは、直接的な問題といってよい。そのリスクは直接的であるが故に原因がわかりやすく、それを解決することは、資源に即した科学的な技術論でとらえやすい。

たとえば、水という資源を考えてみよう。水は、人間生活に不可欠の基本的ヒューマンニーズ(Basic Human Needs)である。この資源をめぐるリスクは、その不足と過剰という現象である。飲料水としての水の資源価値以外に、灌漑用水など多様な価値が水には込められている。普段、水に恵まれている地域でも、その貴重な水は、時折、不足する。旱魃《かんばつ》である。また逆に、時折、その水は過剰となる。すなわち、洪水である。

このような、水という自然資源の直接的な変化にともなうリスクを、在地社会の人々は抱えてきたのであるが、ただ、手を拱《こまね》いてそのリスクに甘んじてきたのではない。当然、そのリスクを軽減する努力を継続してきた。旱魃の記憶、そして経験は、溜池を作り、井戸を深く掘ることを人々に決意させたであろうし、洪水の記憶や経験は、堤防を強固にすること、家や耕作地を高台に作ることに関心をもたせたであろう。そのような人々のリスクへの対応は、近代土木など自然科学の技術に連なっている。

一方、第二の人間と人間の関係にあらわれるリスクは、間接的な問題である。そのリスクは間接的であるがゆえに原因がわかりにくく、それを解決することは、資源の本質的な性質とは異なった社会関係論でとらえられる。

また、水をもって喩《たと》えとしよう。水が、旱魃や洪水などではなく、適正値の範囲にあったとしても、人々はリスクを抱えている。それは、利用者の問題である。ある在地社会において、水資源の量がほとんど変わらないとする。しかし、その社会で人口が増えたとする。当然、利用者一人あたりの水の使用可能量は減る。旱魃でなくとも、旱魃と同様のリスクがそこには顕在化する。このような状況は、たとえば、ひとつにまとまった在地社会の外部から利用アクターが参入してきたときにも同様に起こり得る。また、在地社会の内部においても、ある特定の人や集団が、水を独占し大量に消費する力をもったとき、これまた同様の問題となり得る。

このような問題は、資源としての水の自然性に直接起因するのではなく、それを取り巻く人間関係、つまり人為性に起因するのである。したがって、それを解決する方法は、溜池を作り、堤防を作るような明快な技術だけでは、対応できないこともある。水はあるのに使えないような状況。そういうリスクに対応するには、人間の行動をコントロールする、より社会的な技術が駆使されなければならないのである。

2　在地社会のリスク回避への視点

(1)　モラル・エコノミー論

在地社会には、資源をめぐり様々なリスクが存在し、そのリスクを管理する、いわゆるリスク・マネッジメントの仕組みが、大なり小なり存在した。そのような在地のリスク・マネッジメントのなかで、リスクをできるだけ回避しようとする生活戦略を、在地リスク回避（local risk-averse）と呼ぶことにする。在地リスク回避とは、資源にまつわる脅威、障害を経験的、伝承的に認知し、それらの到来を事前に予測して危機的状況を避けようとする人間の志向、つまり「危険の最小化」への志向を、社会およびその成員が共的に具現化することによって、生活を保障し、維持する行動戦略である。在地リスク回避は、とくに特殊なことではなく、地球上の様々な地点、また、歴史上の様々な時点に存在し、ときにはこの志向性が人間の生存原理として扱われることもあった。

たとえば、一九七〇年代末に積極的に議論されたモラル・エコノミー論は、その代表例である。モラル・エコノミー論の嚆矢《こうし》であるアメリカの東南アジア研究者ジェームス・スコット（J.C. Scott）は、生存の原理として、「利潤の最大化」よりも「危険の最小化」を志向する、以下のような農民の性質を指摘している。

「ほとんど、ぎりぎりの生活をして、さらに、天候不順や外部者からの支払い要求を余儀なくされている農民家族は、伝統的な新古典経済学派が導き出したような利潤極大化の定式を、まずもち得ない。典型的には、苦労する耕作農民は、リスキーな大当たりを狙うより、むしろ、破滅しそうな失敗を避けようとする。意思決定論でいえば、彼の行動は危険回避型（risk-averse）なの

である。彼は、最大損失の主観的確率を最小化するのである。」(Scott 1976: 4)

スコットは、先資本主義的な農民秩序のなかの、多くの技術や社会制度やモラルの背後に、「安全第一」(safety-first) の原則が横たわっているため、古典的（伝統的）な社会では、平均収入を低く押さえることに甘んじてでも、過度な危険を避ける傾向があることを指摘している。

このスコットのモラル・エコノミー論は、生存維持倫理(subsistence ethic)、生存維持保障（subsistence security）を重視し、農民のリスク回避を余りにも強調したために、他の経済学者から批判を受ける。たとえば、サミュエル・ポプキン（S.L. Popkin）は「合理的農民」論のなかで、農民は平均収入の増加に無関心な危険回避者ではなく、個人の経済的な利益の増大にこそ最大の関心があり、リスク回避にみえる行動も、それにかかるコストとメリットを常に勘案した上で合理的に行動しているとスコットに反駁している（Popkin 1979）。たしかに、スコットにはリスク回避を強調しすぎるきらいがあるが、農民生活の維持を経済原理だけで読みとるのではなく、価値観や倫理観、公平という道徳観など、人々の内在論理を加味して理解したところは、おおいに評価されるべきである。

(2)「在地リスク回避」とは何か

人間の生存、生活の意味を、経済的動機づけから理解するのか、あるいは他の要因も絡《から》めながら理解するのか、という研究者側の視点の相違は存在するが、いずれにせよ、ここで取り上げるリスク回避（の行動、制度）は、あくまで「在地」の「リスク回避」であることを、確認しておかねばならない。リスクを回避する、あるいは低減する在地のシステムは、リスク回避のひとつの表出形ではあるが、すべての「危険の最小化」の行動や制度を内包するものではないのである。

たとえば、現代社会において頻繁に見受けられる、災害時に備えて各家庭で物資を蓄える行動は、紛《まぎ》れもなくリスク回避である。それは、直接、間接にかかわらず経験的情報を契機として、各人で行われるもので、個人的リスク回避といってよい。これは完全な個人の自己選択、自己決定、自己責任によって行使されたリスク回避である場合、在地リスク回避のシステムとは呼ぶことはできない。すなわち、在地リスク回避は、在地社会によって規定され保証され、知識、技術として共有されている点にこそ、その最大の特徴が見出される。

災害に備えた個人的リスク回避の行動が、社会とは切り離された行動である場合、このリスク回避を選択する個人もあれば、リスク回避をとらない個人も同時に存在する。さらに、リスク回避の手段や度合いも個人によって異なり、リスク回避に費やすコストは、完全に個人が負担するものである。したがって、「見返り」ともいえる、実際に被害から逃れる機会と、その逃れる程度は、当然ながら個人ごとに異なってくるのであって、在地社会でみる限り、その内部におけるリスク回避の達成度＝罹《り》災《さい》率に関して大きな格差を抱える。

ところが、在地リスク回避は、基本的に在地社会全体で選択され、決定され、その責任が負われるものである。在地社会でリスク観を共有し、それを回避する手段や度合いについて——時折、強制的に——取り決めされる。個人的に展開されることはあっても、適合される、あるいは適合してもよいと考えられる技術、知識は社会で共有されている。さらに、そのリスク回避に費やされるコストは、社会が容認する合理的見地——在地社会にとって重要なのは完全な量的「平等」ではなく、容認できる範囲の不完全な質的「公正」である——から、社会の成員によって、なかば強制的に配分される。そして、いざアクシデントに見舞われたときの被害も、在地社会が容認する合理的見地から配分される。その結果、在地社会内部の罹災率は、成員間で問題となるような格差を生じることは、基本的に少ない。

たとえば、災害時に対応した備蓄行動でも、在地社会でその成員が行動を選択し、備蓄に充てる物資も在地社会の成員が応分に負担し、罹災時に応分に分配されるという全体保障の仕組みが、社会的規制（rule）や社会的価値観（sense of value）、社会的道徳（moral）などの在地社会の諸条件によって支持された場合、それは在地リスク回避といってよいであろう。近世中後期の日本のムラにみられた郷蔵などは、資源欠乏の起こる恐慌時に備えて食料を蓄える機能をもっており、その運営は在地リスク回避戦略の先駆的な例といえる。

このような生活戦略をもった在地社会は、これまで伝統社会のなかに、頻繁にその存在を認められてきた。経済人類学者カール・ポラニー（K. Polanyi）は、「未開社会を市場社会よりもある点ではヨリ人間的なものにし、そして同時に、ヨリ非経済的なものにしていたのは、個人的飢餓の脅威の欠如であった」（ポラニー　一九七五（一九五七）：二二四）と述べ、人間の最低限の生活を保障するシステムが、伝統社会に存在し、その点において、市場経済を基盤とする近代社会と区別されると、主張している。つまり、伝統社会において、在地社会全体の飢餓状況はあり得ても、その社会内部では、在地リスク回避のシステムがあったため、飢餓の不均衡を生み出さなかったということである。そういうあり方は、経済論理では理解できないことであっても、倫理的には理解できるということである。

このような指摘からもわかるように、伝統社会において、在地リスク回避のシステムは、基本的ヒューマンニーズを充足する社会機構として成立し、維持されてきたと考えられる。スコットも伝統社会に、リスク回避のシステムが伝統社会に多く見受けられることを指摘するとともに、かつそのような社会保障の仕組みが近代化によって急激に崩壊へと導かれていることを述べている (Scott 1976: 7)。

3　人間と資源の関係にあらわれるリスクとその回避法

(1) 資源の多様性に依拠するリスク回避

在地リスク回避は、まず第一に、人間と資源との関係でとらえることができる。単純にいって、それは資源の量的限界からもたらされる脅威のリスクを軽減、回避するシステムである。

耕種を生活の基盤にした社会には、自然災害からの脅威に対する在地リスク回避の戦略として、複合的生業や多種・多品種栽培など、資源の多様性 (diversity) に依拠した方法がある。これは、在地社会に存在する自然環境にフルに適応するもので、在地社会に存在する多様な資源を多角的に利用する方法である。

複合的生業とは狩猟、採集、農耕（飼育を含む）、漁撈《ぎょろう》など、資源の存在する空間、時期の違う活動を、同時、あるいは季節をずらして複数展開することによって、天災からの被害は軽減する方法である。簡単にいうならば、それが、旱魃という災害だった場合、農耕が受けたダメージは、いくぶんか採集によって補われ、また、洪水だった場合、漁撈によって補われることにより、生活自体が破綻《はたん》する危険性は低くなるということである。危険そのものを回避（avoidance）するのではなく、被害を受けたときの代償、埋め合わせ（compensation）を確保する戦略である。これは、生産性は高いとはいえないが、内部経済の自立性、自給性をある程度高め、生活を「低いところ」で安定化することに寄与する。

たとえば、信濃川、利根川、木曽三川流域など日本の大河川の低湿地帯には、ウキタ（浮田）、ホリアゲタ（堀上田）などと呼ばれる低湿不安定水田が、一九四〇年代まで存在した。それは、数年ごとに起こる水害を常に憂慮せねばならず、ときには完全な不熟さえも覚悟せねばならないような不安定な水田であった。しかし、その周りには複雑に水路が走り、多様な自然が保持されることにより、それをめぐる多様な生産活動（漁撈、水鳥狩猟、貝類採集）が行われていた。それによって、不安定水田に完全に依拠しない在地社会は、水害のリスクをある程度回避することができたのである。

このような複数の活動を組み合わせるばかりではなく、ひとつの活動でも、その資源を多様化させることによってリスクを回避することができる。それが、多種・多品種栽培である。多くの複数の作物の混作や、また、ひとつの種でも多品種栽培する戦略に、同様のリスク回避の可能性がある。栽培時期が同じでも、異なる作物種の場合、自然から受ける影響も自ずと異なってくるのは当然である。もし、ウンカの大発生によってイネが壊滅的な打撃を被ったとしても、サトイモ類は何の被害も受けず、それによって糊口をしのぐことができるであろう。

こういう作物種の多様性によって生産のリスクを回避するやり方の代表例が混作である。たとえば、ザイール（現・コンゴ民主共和国）のクム人は、イネ＋キャッサバ＋トウモロコシ＋バナナを同じ焼畑農地で混作する。これは生産物の多様性を確保し、生産の安定性に寄与しているという（杉村 一九九五）。

こういう作物種を複合的にするやり方とともに、単一種でも多品種を組み合わせる栽培様式がある。イネなどではワセ、ナカテ、オクテという栽培時期、すなわち成長時期の異なる多くの品種を栽培することによって、特定時期の災害からのリスクを低減することができる。もし、台風の常襲地でも、台風到来時より早く収穫できるワセが栽培されていれば、その被害を受ける可能性はかなり低くなるし、逆に、ワセの成長に関して、最も日照が必要な時期に雨天曇天が続き日照不足になってしまっても、ナカテ、オクテはその被害を受ける可能性は低くなるであろう。

たとえば、エチオピア西南部アリ地域では、バショウ科の栽培植物エンセーテの栽培品種が七八品種も見出され（重田 一九九五）、ミクロネシアのポナペ島では、二〇〇以上のヤムイモ、五〇以上のパンの木の品種名が採集されている（Nakao 1953）。これらの品種の多様性は、生産効率を下げるものの、天候不順、病害虫などのアクシデントに対する利点がある。

(2) 在地リスク回避システムの崩壊

もちろん、そのような多様性をベースにしてリスクを低減させる現象が、ある種の嗜好《しこう》や感覚的な価値によって偶然達成されることもある。また、人間と自然の共利的関係が、偶然に多様性ある資源利用として位置づけられることもある。そういうものが、結果的に、リスクを回避できる手法であったとしても、人々の意志によって企図された戦略でなければ、あえて在地リスク回避として取り扱う必要がないことは当然である。

以上のような、複合的生業や多種・多品種栽培の戦略は、在地社会の短期的な観点から観測される安定性と、長期的な観点から観測される持続性を高めてくれる。しかし、そのような在地リスク回避のシステムは、近代においてたびたび変質、消失させられている。たとえば、市場経済の浸透により、ある社会のなかで商品作物として特定の作物が選択され、その価値が上がると、その社会は商品として価値の高い栽培種を積極的に栽培しようとし、必然、モノカルチャー的な志向性をもつようになる。それは、在地リスク回避のシステムを破壊することにつながり、ときには安定性、持続性を脅かすことになる。

それはポプキンがいうような、在地の人々自身が合理的な判断によって自己決定し、市場経済へ進出した結果ばかりではない。むしろ、近代以降成立した国民国家による徴税、あるいは植民地化によるプランテーション開発などのように、外部の要因によってモノカルチャーが進行させられた例が多い。それは、複合的生業や多種・多品種栽培などの在地リスク回避システムを崩壊させ、結果、その社会は不作や市場の価格変動という様々なストレスに脆弱《ぜいじゃく》になる（Scott 1976: 200-201）。この脆弱さは、在地社会のみならず、その社会の成員たちの自立と自律を阻害し、より不可逆的に市場経済への転換を加速させることとなる。

K・ポラニーが、「白人が黒人世界に果たした最初の貢献は、皮肉にも、飢えという懲罰の種々の効用を黒人に教えたことであった。たとえば、植民者は人為的に食糧不足をつくりだすため、パンの木を切り倒すこともできようし、原住民が労働を交換に提供せざるを得なくなるように、小屋税を徴収することもできよう」（ポラニー 一九七五（一九五七）：二二四）といみじくも述べるように、この脆弱な状況は、非人間的な支配の構図を生成し、いたって不公正な問題を生じさせている。その点において、在地リスク回避のシステムは、環境的正義（environmental justice）の問題とも密接に関係する。

4　人間と人間の関係にあらわれるリスクとその回避法

（1）非協調と協調との二つのシナリオ

自然資源を利用するとして、その再生産が可能な資源の場合、資源の利用量が資源の再生産量を乗り越えない限り、アクシデンタルな自然災害がないとして、その資源利用は理念上持続的である。かつての伝統社会では、自然の包容力の大きさと、人間の技術力の小ささによって、この閾値《いきち》を越えないあり方が継続してきた。これは、人々によって自覚され、企図して選択されたものではない場合、社会システム、社会的行動として昇華された現象とはみなすことはできない。したがって、このようなあり方は、在地リスク回避の生活戦略ではない。

しかし、この偶然の均衡と安定は、時折、在地社会で人為的に崩されることがあった。つまり、閾値を越える過剰利用、過剰生産である。そういう場合、在地社会では、単純に利用や生産を続け、最終的にその自然資源利用を放棄するやり方と、資源利用を低減させて、閾値以下の生産量に抑制するやり方の二通りの選択肢があった。

前者は、利用に関わる他者と自己との行動を一切擂り合わせることがない、いわゆる非・協調行動である。この行動は、「乱獲」「乱開発」と評価されるものであり、窮極、破綻という明解な形で人々の眼前にあらわれる。この場合、当然、その生産は持続的ではなく、この行動を選択することによって、利用可能な資源の量と種類は減少する。そのため、短期的な安定性も揺らぐこととなる。他の資源が豊富なときは、社会自体の崩壊は一時免れるが、同様の資源利用観が継続し、他の資源にも当てはめられた場合、その社会自体の崩壊をもたらす場合もある。通常、一度破綻した資源を復活させる環境修復コストは、在地社会ではまかなえないほど大きい。このような資源利用のやり方は、市場経済の浸透と、それにともなう貨幣の流通、資本の流入など外的な影響にさらされた伝統社会で、頻繁にみられる。

後者は、在地リスク回避の方法のひとつである協調行動である。

後者は、単なる個人的な行動ではなく、在地社会によって担われなければならない。ある個人が生産を低減させても、別の個人が生産を増加させれば、全体として前者と同じ状況になる。後者の場合、社会全体として生産を低減しない場合、まったく効果はなく、その意味からも、個人的なリスク回避ではなく、実効性のある社会的なリスク回避でなければならない。

このような在地リスク回避の方法に、意図的に生産量の制限をしたり、技術水準をあえて低く押さえて生産効率を悪くしたりする方法がある。

たとえば、現在の日本において、アワビ、サザエなどの貝類の採集は、禁漁期、禁漁区が設定されている場合が多い。また、いまだに古風な素潜り漁が多くの地域で展開されている。これは、伝統漁が単純に残ったものではなく、明治期に新技術のエアーコンプレッサーで空気を送り込む潜水服を導入し、その結果、過剰生産が進み、資源量、生産量が極端に減少したことに対する教訓である。生産性をあえて落とすことによって、資源の維持を認識論的に企図したものである。そのような時間的、空間的、技術的に、資源の再生産に寄与する仕組みは、それぞれの在地社会の在地論理で構築され、リジッドに遵守されている。もし、これに違背するときは、在地社会によって制裁を受けることは当然である。

このような在地リスク回避の手法や行動は、概して共同利用や共同所有されるコモンズ（commons）において多く見受けられる。

（2）コモンズの悲劇

コモンズとは、本来は、中世イングランドやウェールズにみられた具体的な在地の資源利用システムである。貴族領主の荘園性に基づく所有と、そのなかで慣習的に複数の農民がヒツジの放牧地など多様な形態で共同に利用する資源であった。コモンズは、実に多様な資源と、それを共的に利用するシステムであったが、それは領主の権限が高まるにつれて、解体されていく。そのような具体的な資源とシステムの具体名称が、現在では、共同に管理する資源、あるいはその管理システムという一般概念として使用されている。共的資源は、多くの人々が一緒に「使う」ということで、それをめぐって濃厚な人間関係やそれを支える仕組み（ルールや組織）を形作る。簡単にいって、そういう共的に管理される資源や制度が、コモンズと呼ばれる。

この共的な資源、あるいはシステムを例示的に使って、センセーショナルな議論を巻き起こしたのは、アメリカの生物学者ギャレット・ハーディン（G.J. Hardin）である。彼は、地球環境全体の利益を優先させるために、個人の権利や行動の自由を制限するというマクロな環境論の積極的根拠として、近代合理的な個人の意志に従うことを前提としたならば、共的なシステムによって利用される環境は崩壊するという数学者の議論を比喩として挙げた。それが世に名高い「コモンズの悲劇（The tragedy of the commons）」（Hardin 1968）である。ハーディンは、コモンズが荒廃する論理を比喩に用い、完全な公的管理（国家や国家連合）や、完全な私的管理でない資源は、いずれ滅ぶとして、地球規模の資源管理と人口抑制策、排出物規制策という安全保障の必要性を強く説いた。

そのコモンズに関するモデルは、シンプルである。

複数の人間が、ヒツジを飼うために共的に使用している放牧地があるとしよう。そこでヒツジを飼っている人には、当然、合理的判断として、自分の収益を多くしたいという気持ちが働く。それで、今もっているヒツジに加えて、一頭増やしたとする。そうすると、増やした本人はまるまる一頭の利益を上げることができる。

さらに、その一頭を増やしたことによって、ヒツジが痩せてしまうという不利益があるとする。しかし、この不利益は飼育者みんなに分散されるので、不利益の影響は一頭増やした利益より小さくなる。つまり儲かるということになる。こういう状況では、当然、みんながヒツジの飼育頭数を増やそうと頑張り始める。そうするとどうなるか。放牧地は、過放牧によって草は減り、最終的に崩壊するのである。

ハーディンの主張の主眼は、本来は地球規模の環境問題にあったのであるが、比喩の対象となったコモンズが注目され、その質的な議論が一九八〇年代から活発化する。そして、多くの人類学者や経済学者、社会学者などが、コモンズに類する共的管理システムは、ハーディンが例示するような野放図なオープン・アクセスではないと主張した。そして、在地社会ではそれは共同体による管理機構であり、環境利用の持続可能性を保持するシステムである、という反論を繰り返してきた。現在では、コモンズのような資源管理には、ときには悲劇——崩壊——もあれば、喜劇——持続——もあるという、「コモンズのドラマ」（Ostrom et al. (eds.) 2001）としかいい得ないことが明らかになっており、コモンズの事例研究の段階から、コモンズにみられる共的システムをいかに作るかといった制度デザインに関心が移ってきている。

（3）入会——日本のコモンズ

さて、コモンズの代表的な表出形に日本の山林や原野、そして、川や海にみられる「入会《いりあい》」がある。現在、海や川の利用権益は、漁業権や水利権などに分断されたが、近代法が制定される以前まで、山野河海は一帯として入会であった。山野河海の資源利用は、厳格な取り決めがなされていた。そこへの厳格な共同体規制は、資源に対する関与者のアクセスを制限している。このアクセスの制限は、オープン・アクセスの空間に比べ、明らかに自然資源、およびそれを取り巻く自然環境に関して保全的に作用する。すなわち、「入会」という社会制度は、自然資源の量的限界というリスクを克服する、人間と環境の関係性を顧慮した在地リスク回避システムといえる。これが、「入会」の第一の存在意義である。

長年研究されてきたコモンズ論では、コモンズは、自然環境や自然資源を、それぞれがおかれた様々な条件の下で、「持続可能」な形で利用、管理、維持していく仕組みとしてとらえられてきた。コモンズの議論が沸き起こって数十年の歳月が過ぎたにもかかわらず、その議論がいまだに活発であるのは、コモンズのあり方が、自然環境や自然資源の「持続可能」性につながると期待されているからである。そこでの中心課題は、人間と自然・資源との関係性にある、といっても差し支えなかろう。ところが、コモンズとしての「入会」を細かくみると、資源の保全とともに、さらにもうひとつの重要な存在意義が見出される。それは、資源分配の公正性を確保する機能である。それも、資源配分の実量ではなく、資源へアクセスする機会の公正性を確保する機能である。

近世日本における、多くの「入会」維持の過程をみると、コモンズとしての「入会」が、本来、葛藤、軋轢《あつれき》、啀《いが》み合い、戦いという、社会にとってネガティブな状況のなかで、形を整えてきたものと理解される。コモンズでとかく期待されやすい自然との調和的、協調的、安定的様相は、その非調和的、非協調的、不安定的な様相と裏腹なのである。つまり、コモンズを維持する人々は、何もないところで善意に基づいて良心的に協調すべくコモンズを構築したのではなく、いつでも、どこにでもいる普通の人々が、普通にもっている私利、独善、我欲によって生み出した困難、危険を克服するために、止むに止まれず安全を求めて、協調するコモンズを構築したのである。

人間は生活するなかで、自然資源をめぐって、様々な不安定要因をもってきた。資源へアクセスすることに随伴して引き起こされる様々な現象が、頻繁に社会全体にとって安全を脅かした。そのリスクを低減、回避する在地戦略としても、「入会」は重要だったのである。コモンズ、あるいはコミュナルな資源利用は、資源の量的な維持に寄与するばかりではなく、その利用をめぐって起こってくる人間と人間の問題を解消する、つまり社会の維持に寄与してきたといえる。社会にとってのリスクは、何も自然との関係性のみから生じてきたわけではなく、生活のなかからも生じてきたのである。

(4) 弱者生存権とリスク回避システム

環境社会学者の鳥越皓之は、日本の共有地が弱者生活権を保障するものとして機能してきたことを指摘している(鳥越 一九九七)。日本の個々の在地社会のなかには、所有差や所得差という現実の経済格差が存在する。しかし、日本において「入会地」という共有地が経済的弱者を吸収し、逆に社会価値によって経済的強者を緩やかにそこから排除することによって、人間と人間の安定した関係性を往々にして阻害する階層差を埋め合わせてきたという。それによって、社会の安定性はより高められてきたのである。

このような弱者の生存や、在地社会の維持に関わるリスクを回避するシステムは、何も共有地に止まらない。

たとえば、ソロモン諸島のマライタ島では、土地が法律上はクランの有力者によって独占的に集積所有されている。しかし、利用権は在地社会の成員に開かれ、比較的自由に生計活動を行えるという(宮内 一九九八)。これは、近代的な所有観では私有地とされるものにも、弱者生存を保障する機能、すなわち経済格差による社会不安定化のリスクを避ける機能があったことを示している。マライタ島では、社会システムとして、近代所有観を乗り越える利用観を継承しているのであり、これはまさしく、人間と人間の関係性を維持する在地リスク回避のシステムといえよう。

このようなシステムのなかには、近代民主主義が「不公正」として否定するはずの不平等な階級差を生み出す、あるいは不平等な階級差を容認することによって成立しているものも現実には少なくない——コモンズは弱者を「不公正」に排除することもあった——。したがって、そのシステムの評価を、安易にポジティブに評価してはならない。しかし、そのような近代的な価値観において至上とされる権利、関係性を放棄してまで、生活のリスクを取り除こうと努力した人々は少なくないし、在地の価値観、倫理観、道徳観では、必ずしもその「不平等」が、「不公正」であったとは限らないことには注意を要する。

先に紹介したモラル・エコノミー論のスコットは、東南アジアの農民のあいだに広くみられるパトロン＝クライアント関係という伝統的階級差が、農民による在地リスク回避のシステムとして機能していたことを力説する（Scott 1976: 44-46）。この階級差に基づく小作関係、とくに生産高のある割合に小作料を設定する分益小作は、生産リスクを地主に負わせることができる。さらに義理、服従といった感情的結合による隷属的位置に、あえて甘んじることによって、地主（パトロン）から生活の庇護という恩恵にあずかれる。すなわち、富、階級の不平等性は、在地社会にとって「意味のある」不平等性であったのであり、リスクを回避するための代価であったのである。

その「意味のある」不平等性は、あくまで在地社会で「公正」の範囲に収まりきれるものでなければならない。もし、その範囲から逸脱し、「不公正」となった場合には、やはり、暴力的、破壊的手段によって、クライアントはパトロンに抗し、社会は恐慌状態になる。パトロンも貧しい弱者を見捨てるリスクに関しては熟知しているのであり、不平等を成立させるに見合う庇護をコストとして支払っているのである。エリノア・オストローム（E. Ostrom）は、資源を割り当てられる立場にある者が、資源へのアクセス分配の権利や義務について不公正、不経済、不確実と判断したら、生産には不利に働き、かつ、それればかりかそういう人々を監視し治安を維持するコストに影響を及ぼすことを、コモンズの問題から指摘しているが（Ostrom 1990: 48-49）、普通のパトロンは自分の地位を維持するコストとしては、在地リスク回避システムを保持する方が安上がりと考えてきたのである。

5　在地社会がとり得る現代的リスク回避戦略

(1)　グローバリゼーションと在地リスク

以上述べてきたように、在地リスク回避のシステムは、単に人間と資源の関係性を調整するばかりではなく、人間と人間の関係性をも調整するという重要な役割をもっている。すなわち、在地リスク回避のシステムは、人間と自然資源の関係性と、人間と人間の関係性の上に成立しているのである。したがって、在地リスク回避のシステムを評価するにあたっては、資源に対する視点のみならず、それが成立する社会全体に対する視点が必要不可欠である。つまり、在地リスク回避のシステムは、単独で存在しているのではなく、社会の全体性に組み込まれてきたといえよう。

いうまでもなく、以上のような資源をめぐる在地社会のリスク管理のあり方は、近代において大きく変容させられている。いや、むしろ破壊されているとまで表現した方がよいのかもしれない。その様相は、在地社会のあり方と別なところで他律的に変えられ続けてきたのである。

最初に述べた、人間と資源の関係にあらわれる在地のリスクとその回避法は、グローバリゼーションにおける資源の意味の変化によって、大きく変わってきている。地域経済が、市場をベースにしたグローバルな経済に取り込まれた場合、往々にして在地社会は中央から収奪的な資源の流れに抗することができなくなる。なぜならば、それは、資源の流失のみではなく、流入をともなうからである。

たとえば、ある在地社会から多くの資源を奪うために、その当該社会がある資源を放出してまで得たいと考える資源を埋め合わせとして与えられてきた。それは、彩り鮮やかな化学繊維の衣類であったり、有名スターが登場するテレビであったり、ガソリンの香りを巻き散らかすオートバイであったりする。この場合、彩り鮮やかな化学繊維の衣類は、単に身体を包む機能に価値があるのではなく、また、テレビは単にラジオに置き換わる情報伝達機器としての機能性に価値があるのではなく、さらに、オートバイは、馬に変わる交通機関としての機能性のみに価値が見出されるのではない。それらには、本来もっている道具としての資源価値以上の価値が付与されているのである。それは威信財であり、社会的な評価と強く結びつく資源価値といってよい。その外部によって作り上げられ導入された価値を得るために、内部の資源を喜んで提供する経済構造に、近代化以後多くの在地社会が変えられてきたのである。

ただし、この経済構造は、従来、内部的に充足しなければならなかった資源の問題を解決することに、ときには寄与するという主張ができるかもしれない。人間と資源の関係でいえば、資源の量的限界からもたらされる脅威のリスクは、原理的には外部に開かれることによって軽減されるはずである。あるところが資源に枯渇すれば、別のところから資源をもってくればよい。その結果、従来の資源の多様性に依拠する内部充足的な方法は、あまり意味をもたなくなったようにもみえる。

しかし、現実はそのように理想的、原理的には動かなかった。それは、先に紹介したＫ・ポラニーの言葉を繰り返すまでもなく非人間的な支配の構図を生成し、いたって不公正な問題を生じさせたのである。そして、結局は物質的資源が枯渇、あるいは陳腐化（利用価値がなくなる）した段階で、在地社会はうち捨てられてきたのである。

(2) グローバリゼーションを越えて——Beyond Globalization

では、在地社会において、このグローバリゼーションという不可避の状況を乗り越える方法はないのであろうか。ひとつ考え得るのは、在地的な新しい資源の創造、資源価値の創造であろう。ただし、それは、従来、価値をおいていた直接利用の「自然資源」ではない。それは「文化資源」と表現されるものであり、人工的、非物理的、非物質的、不可視的な価値を付与されたものである。それは、人間自身の価値判断のイノベーションによって達成される。

たとえば、在地社会において「自然資源」を伝統的な技術で利用する産業は、近代化の影響を受けた当初は、生産の効率、利便性や近代的産物の目新しさなどに負けて、衰退したものが多い。なかには、完全に消失してしまった伝統的産業と、その資源もある。しかし、逆に、その伝統性が現代において資源と化している例も少なからず見受けられる。近代に生み出された資源が、マスプロダクションをベースにして、その資源価値を高めていったのに対し、伝統的資源はその希少性や権威性を武器に資源として生き残る、あるいは再資源化されつつある。それが可能になるには、伝統的技術で利用される資源を、かつて存在していた時代とは別の価値判断基準で評価する、思考の革新がなされなければならない。あえて高価で非効率なモノやコトを甘受する思考と精神が、在地社会の外に生まれたときに、それははじめて可能になるのである。

現実に、地球規模でフェア・トレードやスロー・フード、エコ・ツーリズム、さらに有機・無農薬栽培など様々なアクティビティーが行われている。それらには、このような価値判断の回路の変更を戦略的に仕組み、「再資源化」を促す仕掛けがなされている。

ただし、過去とまったく同じマテリアルが用いられていたとしても、この場合、マテリアル自身を資源へと変換させるのではなく、資源化を可能とした技術や知識、情報を資源へと変換させていることに注意しなければならない。在地社会において、純粋にマテリアル自身が資源価値を有していたが、「再資源化」の場合は、マテリアルを資源へと変換する技術や、知識、情報がさらに資源価値を有するようになったのである。

たとえば、バングラデシュの貧困農村部で伝統的素材ジュート（黄麻）を元に、手工業的に生産される買い物袋。ジュートの繊維は、古くは一八世紀以前より手工業的にカーペットの基布、袋、ひも、導火線などに加工されていた。英国の植民地化により、それは産業として隆盛を極めるが、石油を原

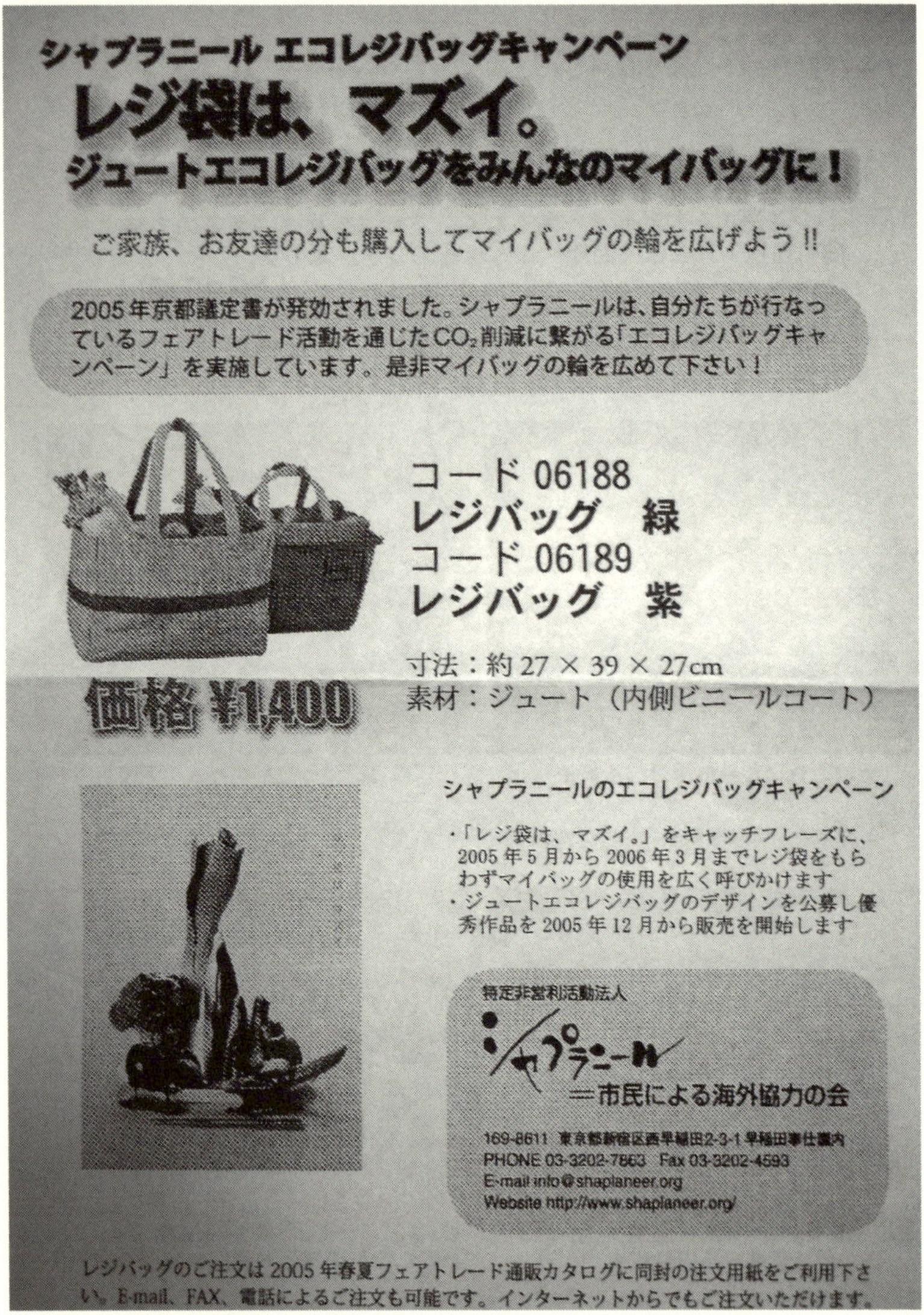

写真1　NPOによるフェアトレード活動チラシ

写真２　ジュートの買い物袋につけられたタグ

バングラデシュの女性の自立に寄与することが記されている。

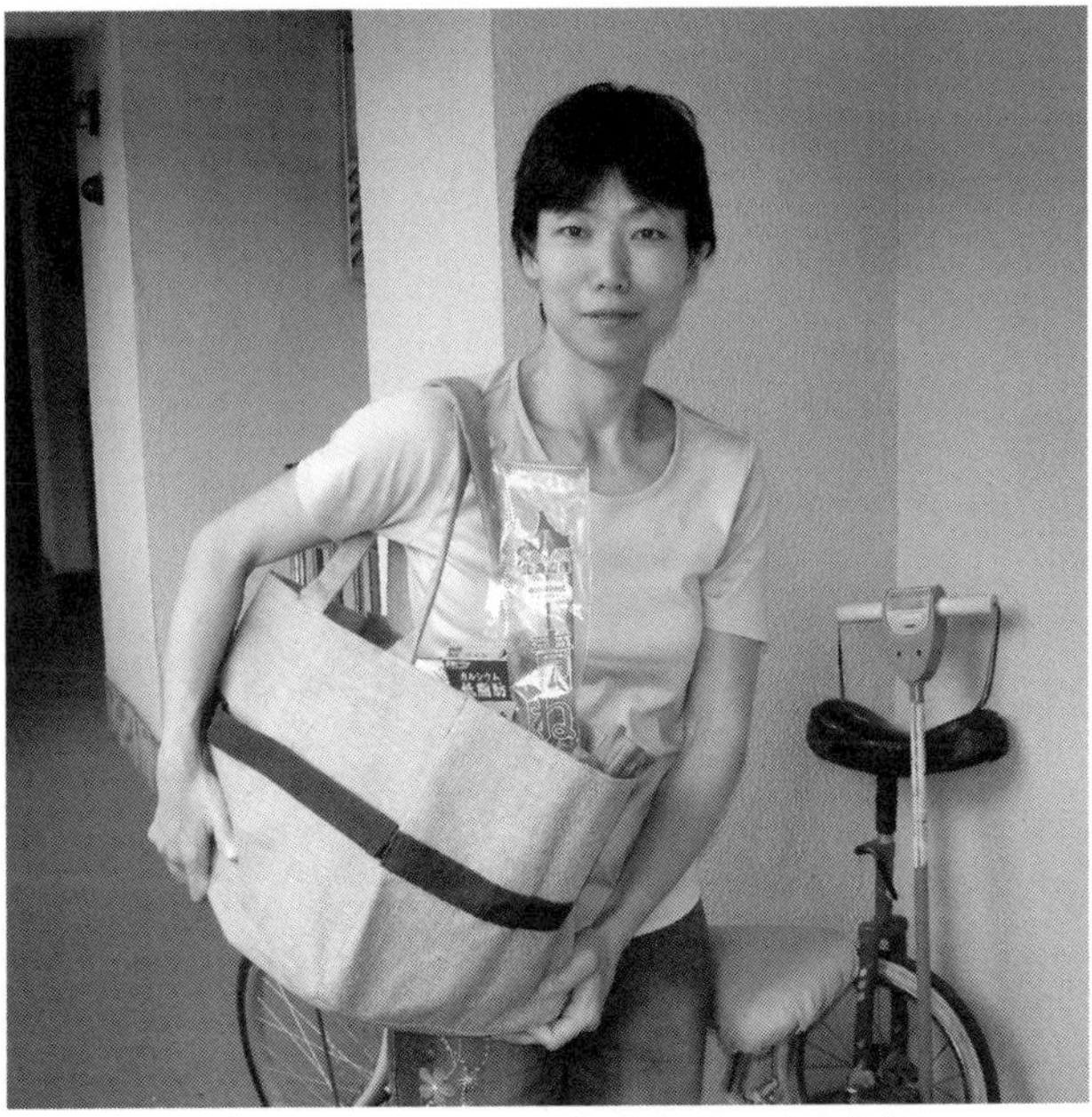

写真３　ジュートの買い物袋を利用する主婦。

発展途上国の貧しい人々を支援できる上に、レジ袋を利用しないことにより、環境問題にも配慮できるという観点から、高い袋を購入した。

料とする化学繊維の登場により、その生産は衰退していった。そのため、一時期、資源の価値を失うという状況にあったのだが、近年、フェア・トレードの産品として注目されることにより復活し、再び世界中に流通するようになっている。

そういうものを購入する先進国の人々は、単純に買い物袋としての機能・使用価値に注目してそれを購入するのではない。その袋の自然素材と加工のプロセスから醸し出される伝統的な自然調和のテースト（風合い）に、まずは注目し価値を見出しているのである。また、それは単に可視的なデザインを問題にしているのではなく、その製品に付与された不可視の情報——伝統的技術によって作られたという——こそが、単価の高い製品に価値をもたせる最も重要なファクターなのである。同じようなものを石油産品として生産でき、また、それが伝統的手工業産品に比べどんなに安価であっても、フェア・トレードの支持者の食指は動かない。フェア・トレードの場合、伝統的技術には権威性や希少性という資源価値に加えて、さらに素材の「安全性——健康という資源——」や「環境保全性——環境という資源——」、さらにそれを取り巻く社会における「（女性という）社会的弱者の保護性——正義という資源——」という現代的な大義も付加される点で、より複雑な再資源化がなされたと考えるべきである。

おわりに

このようなグローバリゼーションを逆手にとるしたたかな戦略が、今後の在地社会において、人間と資源とのあいだに必要である。そして、さらに重要なのは、そのような資源利用を創出することによって、新たなる人間関係を生み出すことである。

先に述べたように、資源をめぐる問題は人間と資源の問題であるとともに、人間と人間の問題であった。問題であるがゆえに、人間と人間は関係を保ちつつ、つながってきたのである。ところが、近代化の過程で、この人間と人間のつながりも、断ち切られてきた。また、つながる必要性を弱められた。在地社会の多くから人口が流出し、社会としての存続が危ぶまれるのは、単に都市部との経済的な格差のみによって起こった現象ではない。社会の弱化が、さらに、よりいっそうの社会の弱化を引き起こしたのである。したがって、今後、在地社会は、社会の再構築を行う必要がある。その社会の再構築を行うための「結集の原点」として、先に述べたような新しい資源が利用、活用されるべきであろう。その資源は、単に経済的価値だけではなく、社会的価値をもっているのである。

従来、資源を利用するために、社会的システムが構築されたと考えられてきた。コモンズ論の多くはその典型である。しかし、今後は、安全で幸福な社会そのものを支えるのに寄与する社会システムを構築するために、いかなる資源の創出と利用、活用があり得るのかを、もっと積極的に考えるべきであろう。

＊本章は、日本学術振興会未来開拓学術研究推進事業『アジアの環境保全』「地域社会に対する開発の影響とその緩和

方策に関する研究」（代表：大塚柳太郎）の成果である「在地リスク回避論」（『アジア・太平洋の環境・開発・文化』1、大塚プロジェクト事務局、二〇〇〇・九・三〇）を大幅に加筆、訂正したものである。

【引用・参考文献】

重田眞義　一九九五、「品種の創出と維持をめぐるヒト―植物関係」『地球に生きる』4、雄山閣

杉村和彦　一九九五、「作物の多様化にみる土着思想」『地球に生きる』4、雄山閣

鳥越皓之　一九九七、「コモンズの利用権を享受する者」『環境社会学』3、新曜社

カール・ポラニー［吉沢英成・野口建彦他訳］一九七五（一九五七）、『大転換』東洋経済新報社

宮内泰介　一九九八、「重層的な環境利用と共同利用権―ソロモン諸島マライタ島の事例から」『環境社会学研究』4、新曜社

Hardin, Garrett J. 1968, “The Tragedy of the Commons.” *Science* 162, pp.1243-1248

Nakao Sasuke 1953, “Bread Fruit, Yams and Taros of Ponape Island.” *Proceedings of the South Pacific Science Congress of the Pacific Science Association*, pp.159-170.

Ostrom, Elinor 1990, *Governing the Commons: The Evolution of Institutions for Collective Action*. New York: University of Cambridge Press.

Ostrom, Elinor, et al. (eds.) 2001, *The Drama of Commons*. Washington, DC: National Academy Press.

Popkin, Samuel L. 1979, *The Rational Peasant: The Political Economy of Rural Society in Vietnam*. Berkeley: University of California Press.

Scott, James C. 1976, *The Moral Economy of the Peasant: Rebellion and Subsistence in Southeast Asia*. New Haven: Yale University Press.

第4章

化学汚染のない地球を次世代に手渡すために～新たな化学物質政策の提案～

中下　裕子

1　深刻化する化学汚染

（1）化学物質の功罪

今、私たちの身の回りには、多種多様な人工の化学物質が溢れている。医薬品・農薬類から、衣類、住宅資材、洗剤、殺虫・防虫剤、芳香消臭剤、プラスチック、さらには抗菌加工や、防腐剤などの食品添加物等々……。今や、私たちの近代的生活は人工の化学物質ぬきには考えられないといっても過言ではない。

人類がこれほど多種・大量の化学物質を使用するようになったのは、それほど昔のことではない。二度の大戦の際に、軍事技術として開発された化学技術は、戦後、民間技術に転用され、未曾有の発展を遂げた。便利で安価な化学製品は、またたく間に天然素材にとって代わり、日常生活のすみずみにまで普及したのであった。

化学物質は、私たちの生活に利便性や快適性をもたらした。しかし、その一方で、水俣病やカネミ油症事件などの公害事件を引き起こした。こうした痛ましい犠牲を通じて、化学物質の中には人の健康や生態系に悪影響を及ぼすものがあることがしだいにわかってきたのである。

実は、こうした公害事件は決して過去の問題ではない。今、従来の汚染とは異なる、新たな化学汚染問題が深刻化しているのである。

（2） 現代の化学汚染問題

近年、喘息、アトピー、花粉症などのアレルギーが急増している。厚生労働省の調査（平成一五年）によれば、今や、国民の三五・九％が目鼻、喉、皮膚などのアレルギー症状を呈しているという。こうしたアレルギーの原因として、化学物質の直接的・間接的関与が疑われている。

また、シックハウス症候群、化学物質過敏症など新たな疾患も増えている。これらの病気は、何らかの化学物質が原因で起きるのだが、反応する化学物質の数が多すぎて、原因物質の特定は困難である。

化学物質過敏症の患者は、化粧品や防虫剤、タバコの臭いなど、生活環境中のごく微量の化学物質にも反応して体調不良に陥ってしまうため、日常生活にも多大な支障をきたしている。特に子どもが発病した場合には、学校の中で使われている化学物質に反応してしまうので学校にも行けず、学習権まで奪われかねない。

さらに、近年、化学物質が生体内のホルモン作用を攪乱《かくらん》するという新たな毒性（環境ホルモン）が報告され、世界的な関心を集めている。当初は、野生生物のオスのメス化や雌雄同体化、人間の精子減少など、性ホルモンの攪乱作用にスポットがあてられていたが、最近では、免疫系や脳神経系にも悪影響を及ぼすことが指摘されている。特に、心配されるのが胎児・乳児への不可逆的影響である。

母親の胎内に蓄積された化学物質は、胎盤を透過して胎児を汚染している。微量のＰＣＢが胎児の脳の発達に悪影響を及ぼすことを示唆する研究も報告されている[1]。それを裏づけるかのように、最近、学習障害（LD）、注意欠陥多動性障害（ADHD）、アスペルガー症候群、高機能自閉症児が増えており、今や全児童の六・三％を占めるという文部科学省の調査結果も報告されている。

さらに、近年の重大少年犯罪事件の背景に、脳の異常があることを指摘する学者もいる。犯罪心理学者として数多くの精神鑑定を手がけている福島章上智大学教授は、大量殺人犯の約七〇％に、脳に微細な形態異常があることを発見した。ちなみに、一般的に脳ドッグでのこうした異常の有所見率は一％であるという。こうした脳の異常のために、行動がコントロールできずに犯罪を犯してしまうのではないかというのである。そして、こうした脳の異常が起きる原因のひとつとして、胎児期・乳児期に環境ホルモンにさらされたことがあるのではないかと同教授は指摘している[2]。

おそらく、こうした行動異常の原因は、化学物質だけではないだろう。家庭環境や、教育システム、食生活を含む生活環境、社会環境などさまざまな要因が複雑にからみ合っているに違いない。しかし、ことは「脳」という人間にとって最重要器官に関わる問題である。たとえ要因のひとつとしてであれ、化学物質が懸念されるというのであれば、早期に対策を講じても決して無駄ではないだろう。

（3）現代型汚染の構造

こうした現代型化学汚染の特徴は、過去の公害事件とは異なり、低濃度・複合的・長期的汚染にある。こうした特徴からすると、被害とその原因物質との間の因果関係の証明は極めて困難である。従来から、対策というものは、特定の原因物質の存在が科学的に証明されてはじめて実施されてきた。

例えば、水俣病事件では、チッソ水俣工場から排出されたメチル水銀が原因であることが証明されてはじめて、水俣湾産の魚介類の摂取制限や生産プロセスの転換などの対策が講じられた。が、そのときには既に数多くの被害が発生してしまっていたのである。

では、因果関係の解明が極めて難しい現代型の化学汚染の場合はどうか。対策が講じられないまま被害だけが拡大し、取り返しのつかない事態になることはないだろうか。

また、微量の物質の複合的影響によるものと思われる現代型の化学汚染を考えると、個別の物質ごとの規制だけで対応できるだろうか。個別の物質ごとにみるとリスクはさほど高くないが、複合的に影響し合うとリスクがぐっと高くなるという場合もある。問題は、ひとにぎりの有害な物質だけにあるのではないのである。

今、世界の市場に出回っている化学物質の数は約一〇万種に及んでいると言われている。そのうち、人の健康や生態系への影響についてのデータがそろっているものはごく僅《わず》かにすぎない。大半は、どんな毒性があるのか不明のまま、市場に出されているのである。そのうえ、新しい化学物質が、日々開発され、市場に出されている。さらに、こうした化学物質が製造・使用・廃棄される過程で、副生成物として、例えばダイオキシンなどの非意図的化学物質が生み出されることもある。そして、これらの多種多様な化学物質が複合的に作用し合って、人間や生態系に影響を及ぼしている、というのが化学汚染の現実なのである。

こうした化学汚染の実情に鑑《かんが》みると、因果関係が科学的に証明された特定の化学物質だけを個別に規制するという従来の管理手法では、到底人間の健康や生態系を守ることができないことは自明ではないだろうか。新たな戦略が求められているのである。

(4) 求められる「無知の知」

ここで、改めて指摘しておきたいのは、特定の化学物質が原因であるとの科学的証明が未だなされていないことは、決して「無害」(安全) を意味しているわけではないということである。それは、単に、私たち人間の「無知」を示しているにすぎないのである。

しかし、「無知」は、決してそれ自体は悪いことではない。むしろ、無知であることの自覚——つまり「無知の知」——こそ、人間の最高の叡智であると哲学者ソクラテスは指摘しているのである。化学物質の安全管理を考える場合に、最も求められているのは、この「無知の知」ではないだろうか。

化学物質には「光」と「影」がある。いかにすれば「影」を最少にして、「光」を最大限に活かすことができるか——それこそが化学物質政策の目指すところである。ところが、過去を振りかえると、人間は、「光」にはすぐに飛びつくが、「影」にはなかなか気づきにくいと言わざるを得ない。例えば、DDTは、当初「奇跡の物質」と称賛され、その作用の発見者ミューラーにはノーベル賞まで授与された。フロンも同様で、発明当時、人にも野生生物にも悪影響を及ぼすことなく多大な利便性をもたらす「夢の物質」と絶賛され、発明者にはプリーストリー賞が贈られた。しかし、ずっと後になって、人間や野生生物、さらにはオゾン層という地球環境まで脅かす、とんでもない有害物質であることが判明したのであった。しかも、これらの物質については、製造・使用の禁止などの規制を講じたとしても、既に環境中に放出されたものは回収困難で、今後も数十年～数百年にわたって地球を汚染し続けるのである。

こうした化学物質と人間の歴史を振りかえったとき、浮かび上がってくるのは、化学物質に関して人間がいかに「無知」であるかということである。現代型の新たな化学汚染は、私たちの誰もが被害者となる可能性があるが、それ以上に、物言えぬ野生生物や次世代の子どもたちに、取り返しのつかない重大な影響をもたらすおそれがある。何の罪もない野生生物や次世代の子どもたちの安全を確保するためには、今こそ、私たち大人が「無知の知」を発揮して、今一度、化学物質と人間のかかわり方を抜本的に問い直すべきときではないだろうか。

そうした問題意識に立って、本章では、現代型化学汚染の危機を回避するための、わが国の化学物質管理のあり方について考察してみたい。

2　化学物質と「安全」

本論に入る前に、安全という価値や化学物質の安全性について、基本的な考え方を整理しておきたい。

(1)「安全」という価値

およそ人間がいかなる活動を行うにせよ、生命の安全の確保は、その前提条件である。その意味で、「安全」という価値は、人間にとって絶対的価値と言える。このことは、わが国の最高法規である憲法の解釈においても是認されている。

憲法一三条後段は、「生命、自由及び幸福追求に対する国民の権利については、公共の福祉に反しない限り、立法その他の国政の上で、最大の尊重を必要とする」と定めている。この規定は包括的人権を定めたものと言われ、環境汚染による被害を受けることなく安全に生活する権利が、人格権（身体権、平穏生活権）の一種としてその中に含まれることは、判例・学説ともに異論がない。こうした人格権は、「人間が生まれながらに有している最も基本的権利であり、あらゆる他人に対してその不可侵を主張できる」（尼崎事件・神戸地判二〇〇〇年一月三一日、判タ一〇三一号、九一頁）と解されているのである。

また、憲法は、二五条一項において、「すべての国民は、健康で文化的な最低限度の生活を営む権利を有する」と定めている。これは、生存権を定めたものと解されており、同法二五条二項では、これを保障するために、「国は、すべての生活部面について、社会福祉、社会保障及び公衆衛生の向上及び増進に努めなければならない」と定められている。つまり、この生存権の保障には、国の積極的な関与（政策の実施）が必要であることが明記されているのである。

このように、憲法においては、生命の安全の確保は、人間として最も基本的な権利であり、最大限の尊重を求められるものであるにとどまらず、その保障のために有効な対策を講じることが国の責務とされているのである。

(2)「安全」と「自由」の関係

国民の安全を確保するために国が規制をかけると、それが他の国民の自由(例えば、経済活動の自由)を奪うことになるという場合も少なくない。そのことはどう考えるべきか。言い換えると、安全の価値は、自由の価値といかなる関係に立つのだろうか。

言うまでもなく、「自由」もまた人間にとって根源的な価値を有している。先に述べた憲法一三条は、「自由」もまた、基本的人権として最大の尊重を必要とすることを定めている。しかしながら、「自由」の行使には、他者の「自由」を侵害してはならないという内在的制約が伴っている。例えば、「人を殺す自由」などあり得ないのは当然であろう。同様に、他者の安全を脅かすような自由の行使は、到底認め得べくもない。その意味で、「安全」の価値は「自由」に優越するのである。

さらに、憲法は、自由権の中でも営業の自由などの経済活動の自由については、他者の生命・健康への侵害は許されないという内在的制約に加えて、さらに政策的制約の下にあることを認めている。つまり、国民の健康・安全の確保のために規制を講じることにより、経済活動の自由を制限することになったとしても、それが目的達成のため必要かつ合理的な範囲にとどまる限り許されるべきであり、立法府がその裁量権を逸脱し、当該規制措置が著しく不合理であることが明白である場合に限り違憲となる、と解されているのである[3]。このように、「安全」の価値が「経済活動の自由」に優先することは明らかなのである。

(3) 技術と安全

近代以前の社会では、人間の安全を脅かすものは、もっぱら戦争、疫病、飢饉、自然災害などであった。しかし、近代科学技術文明の進展に伴って、技術そのものが、人間の生活に利便性をもたらす反面、環境汚染を引き起こし、人間の健康や安全を脅かすようになったのである。化学物質を人工的に合成するという化学技術についても、同じことがあてはまる。

技術というものは、必ずそれを用いる人間の存在を前提としている。したがって、技術の安全性を考えるにあたっては、技術そのものの内在的危険性はもとより、それを利用する人間の行為や、技術を用いて生産された商品のもたらす危険性（製品による事故、環境汚染）にも留意する必要があるのである。

また、技術が人間の行為を媒介するものである以上、「絶対安全な技術」というものはあり得ない。したがって、「人間はミスを犯し易い存在である」との認識に立ってシステム設計を行う「フール・プルーフ」(fool proof)の考え方や、「失敗が起こっても、全体としては安全が確保される」ようにシステムを設計・運営する「フェイル・セーフ」(fail safe)の考え方が、安全管理のあり方を考えるうえで重要である[4]。

さらに、先にも述べたように、技術には「光」と「影」がある。「影」をできるだけ少なくして、「光」の効用を最大化することが求められるが、「影」のリスクがあまりにも高い場合には、たとえ「光」が大きくても、その技術は使わない、あるいは極めて限定された用途のみしか使わない、などという意思決定も可能である。

(4) 化学技術にとって安全とは

では、化学技術と安全について考えてみることにしよう。技術と安全について述べたことは、当然ながら化学技術にもあてはまる。したがって、化学技術の安全性を考える場合、化学物質の原料採取段階から、生産、流通、使用、廃棄に至る各ステージで人の健康や生態系に悪影響を及ぼす可能性があり、こうしたライフサイクル全体にわたる安全対策が求められる。

化学技術の特殊性は、化学物質の数の多さと「影」の部分の多様性・多義性にある。前述のように、世界の市場に出回っている人工化学物質の数は約一〇万と言われている。しかもそれらが環境中で反応し合って、これまた膨大な数の、非意図的化学物質が生成されている。これら多数の物質の挙動を把握し、コントロールすることは、決して簡単なことではない。

また、ひと口に化学物質の「影」といっても、その内容にはさまざまなものがある。例えば、爆発性、引火性、可燃性、腐食性といった物理的危険性から、急性毒性、皮膚・眼・呼吸器刺激性、一般毒性、変異原性、発ガン性、生殖毒性など人の健康への有害性、さらには野生生物に悪影響を及ぼす生態毒性まで、多種多様な危険性がある。また、環境中でなかなか分解しにくい（難分解性）、生体内に蓄積して生物濃縮を引き起こす（高蓄積性）、オゾン層を破壊する、などといった性質も広い意味では「影」に含まれる。

こうした毒性は、必ずしもそれ自体が悪いというわけではない。よく知られているように、薬品に使用される化学物質にも毒性がある。薬品の中には、大量に摂取すると毒物だが、適量を飲むと薬になるというものも少なくない。同じ物質が、その濃度によって毒にも薬にもなるのである。

さらに、化学物質の毒性は、科学的研究が進むにつれて、次々と新たに発見されてくるという性格のものである。先に述べた「ホルモン攪乱性」という作用も、最近になって新たに発見されたものである。つまり、現時点では危険性がないと思われる物質でも、後に科学が進歩すると、人や野生生物に直接的・間接的に悪影響を及ぼすことが判明することもあり得るのである。例えば、先に述べたフロンは、人にも野生生物にも無害だが、後に、オゾン層破壊という、当初予想だにしなかった重大な悪影響を及ぼすことが判明したのである。

このように、化学技術にとって「安全」という概念は、決して単純なものではなく、多岐にわたる、極めて複雑なものであることがわかるだろう。

技術の安全性を考える場合、各分野に共通する課題と、その分野独自の問題点があることを認識しておかねばならない。したがって、安全戦略についての単純な一般化は禁物で、各分野ごとに問題点を掘り下げ、きめ細かな対策を立案する必要がある。本章では、化学物質の分野の中でも、医薬品・

農薬類を除き、主として一般化学品を対象として、その安全戦略のあり方を論ずるものであることをお断りしておく。

3　リスク・アプローチの限界

(1)　化学物質管理の歴史

ここで、今一度、化学物質管理の歴史を振り返ってみよう。

一九〇〇年代に入り、石油化学の時代が到来すると、化学技術は飛躍的な発展を遂げた。ガソリンや石油を作るプロセスで得られるベンゼン、トルエン、キシレン、エチレン、ポリプロピレンなどの化学物質を用いて、新しい化学物質が次々と合成され、さまざまな用途の化学製品が開発され、商品化された。安価で便利なこれら化学品は、社会に歓迎された。その「影」の部分を懸念する人はほとんどなく、ましてやその生産・使用への規制を望む人などいなかった。ひたすら利便性を求めて、PCB、DDT、クロルデンなど、後に有害性が判明する物質が大量に生産、使用された。鉛、水銀、カドミウムなどの有毒金属も、大量に採鉱され、使用された。

こうした中で、水俣病、イタイイタイ病などの公害事件が起き、一九六二年にはレイチェル・カーソンが『沈黙の春』を出版し、農薬汚染を告発した。化学物質の「影」がその姿を現したのであった。一九七〇年代に入ると、さらに公害問題が深刻化し、ようやく化学物質の生産や使用について、法的規制が加えられるようになった。

日本では、カネミ油症事件（一九六八年に西日本一帯で発生した化学性食中毒事件。カネミ倉庫㈱製の食用油にＰＣＢが混入したため、その油を摂取した人々に被害が生じた）を契機として、今後、新たに開発される化学物質（新規物質）については、市場に出す前に、ＰＣＢと同じような有害な性質（難分解性・高蓄積性・毒性）がないかどうかをあらかじめチェックする事前審査制が、世界に先駆けて導入された。しかし、既にそれまでに市場に出ていた約二万種の既存物質については、何らのテストも要求されず、製造、使用が許されたのである。当時は、ＤＤＴやＰＣＢのような「悪玉」の化学物質は少数の例外で、大半は「善玉」であると考えられていたのであった。

(2)「リスク・アプローチ」の登場

一九八〇年代になって、こうした規制を実施する枠組みとして、リスク・アプローチ（リスク論）の概念がアメリカ科学アカデミーによって確立された。以来、このアプローチは、化学物質管理対策の基本的考え方として、広く世界各国で採用されるようになっている。

リスク・アプローチは、①リスク・アセスメント（リスク評価）と②リスク・マネジメント（リスク管理）の二つのプロセスから成っている。

①リスク・アセスメント

化学物質の有害性とそのリスク（危険度）を数値で評価するための手法で、以下のような手順ですすめられる。

(i) 有害性の同定

特定の化学物質の人の健康や生態系への有害性の有無を、動物実験データや疫学調査などから判断する。

(ii) 用量―反応評価

有害性が確認された化学物質について、用量（暴露量）と反応（影響）の関係を解析し、安全なレベルを判定する。

(iii) 暴露評価

その化学物質の人や生物への暴露量を推定する。

(iv) リスクの判定

これまでのステップを踏まえて、ある集団内で有害影響が起きる確率、危険性を定量的に判定する。

②リスク・マネジメント

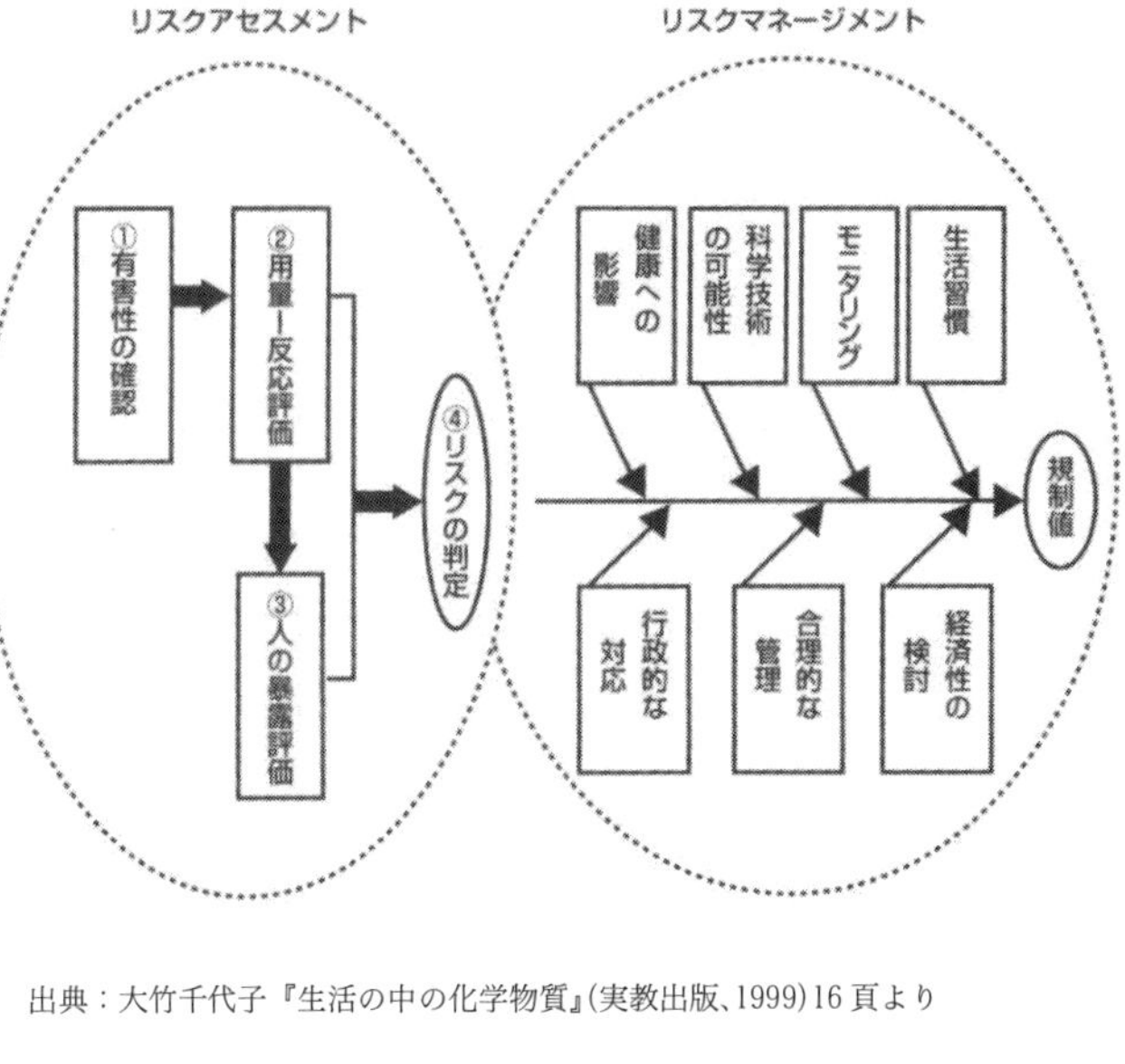

出典：大竹千代子『生活の中の化学物質』(実教出版、1999) 16 頁より

リスク・アセスメントを踏まえて、どの程度のリスクを受け入れるか、どのような手段でリスクを軽減するか（規制か、自主的取組みかなど）等を検討し、意思決定するプロセスである。

(3) 現代の化学汚染の特徴

リスク・アプローチには時間と費用がかかるため、化学物質の規制は遅々として進まなかった。わが国で、現在までに製造・使用が原則的に禁止されたのは、前述のＰＣＢやＤＤＴを含めて一五物質（「化学物質の審査及び製造等の規制に関する法律」の「第一種特定化学物質」）にすぎない。

その間、化学物質の生産量は増え続けている。一九三〇年代には僅か一〇〇万トンにすぎなかった化学物質の世界の生産量は、一九九〇年代には四億トンにまで増加している。

こうした状況下で、近年、冒頭に記載したように、アレルギーやガン、化学物質過敏症などの病気が急増し、ホルモン作用の攪乱や遺伝子発現への影響など、化学物質の新たな毒性も指摘されるようになってきた。もはや、少数の有害物質だけが問題なのではなく、潜在的にリスクのある物質はかなりの数にのぼることがわかってきた。しかも、そのリスクは、われわれ大人よりも、次世代の子どもたちの方が深刻である。このまま放置すれば、取り返しのつかない事態を招きかねない。

(4) リスク・アプローチの限界

ここで、現代型の化学汚染の特徴を改めて確認してみよう。それは、以下に要約できる。

化審法第１種特定化学物質

政令番号	政令名称
1	ポリ塩化ビフェニル
2	ポリ塩化ナフタレン（塩素数が３以上のものに限る。）
3	ヘキサクロロベンゼン
4	1，2，3，4，10，10－ヘキサクロロ－1，4，4a，5，8，8a－ヘキサヒドロ－エキソ－1，4－エンド－5，8－ジメタノナフタレン（別名アルドリン）
5	1，2，3，4，10，10－ヘキサクロロ－6，7－エポキシ－1，4，4a，5，6，7，8，8a－オクタヒドロ－エキソ－1，4－エンド－5，8－ジメタノナフタレン（別名ディルドリン）
6	1，2，3，4，10，10－ヘキサクロロ－6，7－エポキシ－1，4，4a，5，6，7，8，8a－オクタヒドロ－エンド－1，4－エンド－5，8－ジメタノナフタレン（別名エンドリン）
7	1，1，1－トリクロロ－2，2－ビス（4－クロロフェニル）エタン（別名DDT）
8	1，2，4，5，6，7，8，8－オクタクロロ－2，3，3a，4，7，7a－ヘキサヒドロ－4，7－メタノ－1H－インデン、1，4，5，6，7，8，8－ヘプタクロロ－3a，4，7，7a－テトラヒドロ－4，7－メタノ－1H－インデン及びこれらの類縁化合物の混合物（別名クロルデン又はヘプタクロル）
9	ビス（トリブチルスズ）＝オキシド
10	N, N'－ジトリル－パラ－フェニレンジアミン、N－トリル－N'－キシリル－パラ－フェニレンジアミン又はN, N'－ジキシリル－パラ－フェニレンジアミン
11	2，4，6－トリ－ターシャリ－ブチルフェノール
12	ポリクロロ－2，2－ジメチル－3－メチリデンビシクロ［2．2．1］ヘプタン（別名トキサフェン）
13	ドデカクロロペンタシクロ［5．3．0．0（2，6）．0（3，9）．0（4，8）］デカン（別名マイレックス）
14	2，2，2－トリクロロ－1，1－ビス（4－クロロフェニル）エタノール（別名ケルセン又はジコホル）
15	ヘキサクロロブタ－1，3－ジエン

化審法第２種特定化学物質

政令番号	政令名称
1	トリクロロエチレン
2	テトラクロロエチレン
3	四塩化炭素
4	トリフェニルスズ＝N, N－ジメチルジチオカルバマート
5	トリフェニルスズ＝フルオリド
6	トリフェニルスズ＝アセタート
7	トリフェニルスズ＝クロリド
8	トリフェニルスズ＝ヒドロキシド
9	トリフェニルスズ脂肪酸塩（脂肪酸の炭素数が9、10又は11のものに限る。）
10	トリフェニルスズ＝クロロアセタート
11	トリブチルスズ＝メタクリラート
12	ビス（トリブチルスズ）＝フマラート
13	トリブチルスズ＝フルオリド
14	ビス（トリブチルスズ）＝2, 3－ジブロモスクシナート
15	トリブチルスズ＝アセタート
16	トリブチルスズ＝ラウラート
17	ビス（トリブチルスズ）＝フタラート
18	アルキル＝アクリラート・メチル＝メタクリラート・トリブチルスズ＝メタクリラート共重合物（アルキル＝アクリラートのアルキル基の炭素数が８のものに限る。）
19	トリブチルスズ＝スルファマート
20	ビス（トリブチルスズ）＝マレアート
21	トリブチルスズ＝クロリド
22	トリブチルスズ＝シクロペンタンカルボキシラート及びこの類縁化合物の混合物（別名トリブチルスズ＝ナフテナート）
23	トリブチルスズ＝1, 2, 3, 4, 4a, 4b, 5, 6, 10, 10a－デカヒドロ－7－イソプロピル－1, 4a－ジメチル－1－フェナントレンカルボキシラート及びこの類縁化合物の混合物（別名トリブチルスズロジン塩）

http://www.safe.nite.go.jp/data/sougou/pk_list.html?table_name=tokutei#toku1 より転載

①微量・低濃度の化学物質による長期的影響が問題となっていること
②多種類の物質による複合的影響が懸念されること
③例えば妊娠初期など、特に感受性の高まる時期（臨界期）というものが存在することがわかってきたこと
④汚染が地球規模で広がっているとともに、次世代にも引き継がれるものであること

こうした汚染の特徴に照らすと、リスク・アプローチには次のような問題がある。
①懸念される悪影響（例えば肺ガンなど）と特定の化学物質（例えばタバコなど）との間の因果関係が証明されている場合しか適用できない。しかし、上記のとおり、現代型汚染は因果関係の証明が困難であることが多い。
②リスクの判定に必要なデータが不足している場合には適用できない。現代型汚染のような低濃度・複合的・長期的影響についてはほとんどデータがなく、この手法では評価できない。
③評価の対象は既知のリスクに限られ、未知のリスクには対処できない。しかし、前述のフロンの例のように、当初は予想だにしなかった悪影響が後になって判明することがしばしば起こるのであって、こうした未知のリスクの存在は否定できない。
④最近、妊娠初期など感受性の強い時期には、極めて低濃度の暴露であっても不可逆的影響を及ぼすことがあることが指摘されているが、リスク・アプローチではこうした影響に対応できない。

⑤リスクを評価するためには膨大なデータが必要なため、莫大な費用と時間がかかる。現代型汚染では、潜在的にリスクを有すると考えられる物質は多数に及んでおり、これらの物質すべてを評価することは、不可能に近いと言っても過言ではない。ちなみに、年間数〜数十物質という現行のペースで評価を行うとすると、約一〇万種の化学物質の評価を終えるまでに数千年〜数万年を要する計算となる。

⑥リスク評価の結果、製造・使用の禁止という規制を講じたとしても、例えば難分解性・高蓄積性物質などは、既に環境中に放出されたものを回収することは困難であり、数十年〜数百年にわたって汚染の影響が続くことも避けられない。

このように、もはや現行のリスク・アプローチの限界は明らかである。リスク・アプローチは一見合理的な管理手法のように見えるが、その前提には「化学物質は、原則的には人や生態系に安全であって、悪影響を与えるのはごく少数の例外に限られる。また、毒性物質でも、低濃度に薄めれば安全である」という化学物質観がある。しかしながら、今日の化学汚染の深刻化、現代型汚染の特徴を考えると、もはやこうした化学物質観は通用しない。「化学物質は原則として安全」であるとは、とても断定できないのである。

現代の化学汚染に対処するためには、明らかに、リスク・アプローチの方法やそれに修正を加えるだけでは限界がある。化学物質管理のあり方を抜本的に見直すことが求められているのである。

4　諸外国の先進的取組み

既に、こうした見直しに着手している先進的な国々もある。その取組みを紹介してみよう。

(1) エスビエル宣言

一九九五年にデンマークのエスビエルで開催された北海大臣会議において、持続可能で健全な北海の生態系を確実なものとするために、予防原則を基本原則とし、一世代（二五年）以内に、有害物質の環境中の濃度を、天然の物質についてはバックグラウンド・レベルに、人工の物質についてはゼロに近づけるという最終目標を持って、有害物質の排出を持続的に低減化することを明記した宣言（エスビエル宣言）が採択された。この宣言ではじめて明示された「一世代目標」は、その後OSPAR条約（一九九八年）、バルセロナ条約（一九九五年）、ヘルシンキ条約（一九九六年）などの地域条約でも採択され、現在、世界的条約への展開が模索されている。

(2) スウェーデン

このエスビエル宣言を忠実に実行しようとしている国のひとつにスウェーデンがある。

一九九九年、スウェーデンは、二一世紀の環境問題に対応するためには、従来の細分化された対策では限界があるとして、既存の一五の環境関連法を一本化し、新たに環境法典を制定した。それとともに、従来、一七〇もあった環境政策目標を一五にまとめ、これを一世代（二五年）内に実現することにしたのである。そのひとつに、「有害物質のない環境」が定められている。

スウェーデンの環境政策目標

①清浄な空気
②上質な地下水
③持続可能な湖沼および水域
④豊かな湿地
⑤バランスの取れた海域、持続可能な沿岸地域、群島
⑥富栄養化の防止
⑦環境の酸性化を自然の範囲内にとどめる
⑧持続可能な森林
⑨豊かな農村風景
⑩雄大な山岳風景
⑪良好な都市環境
⑫有害物質のない環境
⑬安全な放射線環境
⑭オゾン層の保護
⑮気候変動の影響が少ない環境

「有害物質のない環境」とは、

①自然界に存在する物質の環境中の濃度はバックグラウンド・レベルに近い

②人工の物質の濃度はゼロに近い

ことを意味する。この目標が前述のエスビエル宣言の趣旨を踏襲したものであることがわかるだろう。「人工物質の濃度ゼロ」というのは、一切の化学物質を使わないというのではなく、要するに難分解性・高蓄積性の化学物質は廃止するということを意味している。

この目標を達成するために、以下のようなガイドラインが定められた。

〈ガイドライン〉

①新製品には、難分解性・高蓄積性の人工化学物質、および発ガン性、変異原性、生殖毒性物質、内分泌攪乱物質が含まれていないこと

②新製品には水銀、カドミウム、鉛が含まれていないこと

③金属は、環境中に排出されて人の健康や環境に被害が出ることのないように利用すること

④難分解性・高蓄積性の人工化学物質は、生産者が人の健康や環境に有害でないことを証明した場合に限って、生産過程で利用できるものとすること

その後、二〇〇〇年には「有害物質のない商品政策」が策定されている。これは、従来の枠組みを

超えた新たな戦略を打ち出したものである。

まず第一に、既存物質を含めてすべての化学物質について、毒性情報を把握することとされたことである。前述のように、約一〇万種とも言われる人工化学物質のうち、毒性情報が揃っているのはごく少数にすぎないのが現状であるが、スウェーデンは、二〇一〇年までにすべての化学物質について、人の健康と生態系への影響に関するデータを把握することとした。これは、極めて画期的な目標である。

第二に、一定の有害性のある化学物質については、製造、使用をやめるという方向性が示されたことである。発ガン性・変異原性・生殖毒性のある化学物質は、二〇〇七年からは一般消費者向けの商品には含まれてはならないとされた。いずれ、それ以外の商品にも適用が拡大されることが見込まれている。

第三に、有害性の有無にかかわらず、難分解性・高蓄積性の性状を有する化学物質については、廃絶の方向が明確に示されたことである。新規物質については二〇〇五年から、既存物質については二〇一五年以降、難分解性・高蓄積性の性状を有する物質は廃止することとされた。特にこれらの性状が強い物質については、二〇一〇年から廃止されることになっている。「人工化学物質の濃度ゼロ」という目標を実現するための不可欠のステップと言えるが、こうした性状を有する物質がまだ相当に市場に出されている現状に鑑みると、極めて画期的な政策を打ち出したものと言える。

しかし、現在、スウェーデンは、ＥＵに加盟したことにより、独自にこうした先進的取組みができないというジレンマに立たされている。先進的な自国の環境政策が、EU域内の調和の原則に照らしてその効力が否定されかねないという事態となったからである。そこで、スウェーデンとしては、自国内の政策を進化させるだけでなく、EUの環境政策を前進させるために働きかけることが求められるようになったのである。

(3) EU

一九九八年、EUでは、現行の化学物質管理制度の見直し作業が始められた。その結果、以下のような問題点があることが指摘された。

まず第一に、化学物質(特に既存物質)の人の健康や生態系への影響に関するデータが圧倒的に不足していることである。EUでは、一九八一年九月以前に既に市場に出されていた物質を既存物質、それ以降のものを新規物質と呼んでいるが、新規物質については、市場に出す前に、人の健康や生態系への影響を試験を行って評価することが義務づけられている。これに対し、既存物質については、そのような試験が義務づけられていなかった。しかし、市場に出回っている化学物質のうち、既存物質が重量ベースで九九%以上を占め、数のうえでも、新規物質が約二、七〇〇種であるのに対し、既存物質は一〇〇、一〇六種にも達しているのである。このように大量に市場に出回っている既存物質の毒性情報が欠落しているのは、看過できない重要な問題であると指摘された。

第二に、現行のリスク・アセスメントの手続きがあまりにも時間と費用がかかり、効率的かつ効果的に機能していないことである。現在、ＥＵの市場に出回っている、年間生産量が一トン以上の化学物質は、約三万種と見込まれている。このうち、約一四〇種だけが優先的なリスク評価の対象とされているが、評価結果が公表されているのは僅か一七種にすぎず、法規制に反映されたものはたった四種のみという状況である。

また、リスク・アセスメントの責任が、化学物質の生産・輸入・使用に携わっている企業ではなく、行政当局にあるとされているのは、責任分担が適切ではないと指摘された。

第三に、因果関係の証明の困難さが指摘されたことである。原因と結果との間に時間的な隔たりがある場合や、適切な試験データが入手できない場合などでは、被害者が特定の化学物質と被害との因果関係を立証することは実際上不可能であると指摘されたのである。

こうした見直し作業に基づき、二〇〇一年二月、欧州委員会は、持続可能性を満たす化学物質政策の未来戦略を記載した白書を発表した。白書では、前述のような現行システムの問題点が指摘されたのち、今後の戦略が示されている。それによると、ＥＵの化学物質政策は、高いレベルでの人の健康および生態系の保全の保障を目指すべきであり、そのためには、「予防原則」および「代替原則」に基づいた施策を行うことが不可欠であるとされている。また、白書は、こうした「人の健康および生態系の保全」の価値とともに、「ＥＵの化学産業の競争力の確保」が重要な課題であることも明記している。そのためにも、技術革新が必要であり、より安全な化学物質の開発にインセンティブを与えるべきであると指摘している。

さらに、白書は、大量の既存物質の評価を効率的に進めるシステムを確立することが今後の化学物質政策の課題であるとして、新たな化学物質管理システム（ＲＥＡＣＨ）[5]の提案を行ったのである。その大きな柱は、

①既存物質に対しても新規物質と同様の試験データの登録を行うことを生産者に義務づけること

②人の健康や生態系への影響について高い懸念がある一定の物質については、その製造使用を用途ごとの認可制とすること

である。

二〇〇三年五月、欧州委員会は、このＲＥＡＣＨシステムの法案を公表し、インターネット・コンサルテーションを行った。約六、〇〇〇通ものコメントが寄せられ、欧州委員会ではこれらを参考にして、同年一〇月に最終法案をとりまとめて公表した。その主な内容は以下のとおりである。

①基本理念

人の健康または生態系に悪影響を及ぼさないような化学物質を製造、上市、輸入、使用することを確保するのは、製造者・輸入者・川下ユーザーの責任であるという原則および予防原則を基本理念とする。

②登録（Registration）

年間一トン以上の化学物質の製造・輸入者は、一定の期限までに、「欧州化学品庁」（新設の機関）に定められた情報（毒性、使用方法など）を登録しなければならない。登録年限は、製造量や有害性など

に応じて以下のように定められている。なお、登録物質の約八〇％はこの手続きのみでよいものと見込まれている。

年間製造量等	登録年限
一〇〇〇トン以上（ＣＭＲについては一トン以上）	三年
一〇〇トン～一〇〇〇トン	六年
一トン～一〇〇トン	一一年

③評価（Evaluation）

評価には、書類審査と対象物質の評価とがある。書類審査は、動物実験を最小にするため、動物実験の提案をチェックし、不必要なものを回避するものである。対象物質の評価は、当局担当官が、人の健康または環境にリスクがあると疑うに足る理由があると判断したときに実施される。評価の結果、追加情報の提出が求められることもある。

④認可（Authorization）

「高懸念物質」については、特定用途ごとの欧州委員会の認可が求められる。

「高懸念物質」とは下記のカテゴリーに該当する物質である。ｖＰｖＢのように、毒性の有無を問わず、物質の性状のみで認可の対象物質とされたことは注目される。

認可は、当該物質の使用が適切に管理され得るか、あるいは社会経済的な便益がリスクよりも重要であることを、製造者または輸入者が示すことができた場合にはじめて付与される。

高懸念物質
①CMR（発ガン性、変異原性、生殖毒性物質）
②PBT（難分解性、高蓄積性、毒性）
③vPvB（きわめて高い難分解性と高蓄積性）
④これらと同程度に人の健康および環境に深刻で不可逆的影響を及ぼすとみなされる物質

5　新たな化学物質政策の提案

化学物質管理のシステムは、今、大きな転換点を迎えている。現行制度の問題点に関するEUの指摘は、そのまま日本の制度にもあてはまる。その意味で、日本でも、新たな戦略が求められているのである。そこで、国際的動向を踏まえて、日本の化学物質政策のあり方を提案してみたい。

(1)「リスク・ゼロ」目標の明確化

現行の化学技術・管理システムのままでは、人の健康や生態系の安全を確保できないことは明らかである。早期に持続可能な化学技術・管理システムへと転換しなければならない。

では、持続可能な化学技術とは何か。ひと言でいうと、原料採取から生産・使用・廃棄に至るまでのライフサイクル全体を通じて、人の健康や生態系に悪影響を及ぼすことなく、人間にとって有用な化学技術ということである。しかし、化学物質の種類が膨大であることや、毒性の内容が極めて多岐にわたることを考えると、いかにすれば持続可能かについて明確な回答を出すことは決して容易なことではない。現時点では、誰もその回答を持ち合わせていないというのが偽らざる現実であろう。かといって、現状のままでは持続不可能である。何とか英知を結集して答えを模索する以外にない。ある意味で、スウェーデンやEUの取組みは、そのための勇気ある挑戦とも言える。

ひとつだけ明らかなことは、その回答は現行制度の延長線上にはない、ということである。リスク・アプローチの抜本的欠陥については既に述べたとおりである。今一度、ゼロベースで、持続可能な化学技術のあり方を問い直す必要がある。そのためには、スウェーデンのように、「リスク・ゼロ」を目標に掲げて、それを実現するための化学技術のあり方を考え直す必要がある。

こう言うと、「ゼロリスクはあり得ない。そんな目標は非現実的だ」という意見があるかもしれない。しかし、ゼロ目標の重要性は、それが現実に可能かどうかではなく、それを掲げることによって、一定量のリスクはやむを得ないと放置するのではなく、持続的な低減化の努力が必要となる点にある。また、そうすることによって、プロセス全体にわたって抜本的見直しが可能になる。「ゼロ・エミッション」や「ゴミゼロ」などの目標も、同じ効果が期待されているのである。

(2) 予防原則・代替原則の採用

化学物質の分野においては、因果関係の科学的証明が困難であることも少なくないが、それが必ずしも無害を意味するものでないことは既述のとおりである。したがって、被害防止のためには、たとえ科学的不確実性があっても、必要な対策は講じる、との予防原則の考え方を化学物質政策の基本理念に据えて、柔軟に迅速かつ適切な措置を実施する必要がある。

また、より安全な代替品がある場合には、積極的に代替品への転換をすすめることを原則にすることを明記すべきである。

(3) 難分解性・高蓄積性物質等の廃絶

難分解性・高蓄積性の性状を有する物質は、後になって何らかの毒性がわかって生産・使用を中止したとしても、既に環境中に広がってしまったものを回収することはできず、結局長期間にわたって汚染の影響が続くことになる。このような性状の化学物質は、たとえ効用が大きくても、持続可能とは言えず、原則として製造、使用をやめるべきである。

また、一定の毒性のある化学物質は、生産・運搬・使用・廃棄の各段階で、暴露の態様によっては人の健康や生態系に悪影響を与えかねないものである。低濃度であれば安全であるといっても、特に一般消費者などは、使い方を誤って予想外の大量暴露を受ける事態ともなりかねない。前述の「フール・プルーフ」や「フェイル・セーフ」の考え方に立って、誤った使用をしても安全性が確保できるような製品設計が求められる。したがって、毒性のある化学物質については、一般消費財としての使用を制限し、十分な安全管理が望める用途でのみ使用できるようにすべきである。

（４）ライフサイクルを通じた管理――生産者責任の強化

生産・使用時は安全であっても、廃棄、処理される過程でダイオキシンなどの有害物質を発生させる場合もある。化学物質は、原料採取から生産・運搬・販売・使用・廃棄に至るまで、つまり「ゆりかごから墓場まで」、ライフサイクル全体を通じた管理が求められる。また、その管理の状況が透明化され、市民・消費者にそうした情報がいつでも開示、提供される必要がある。

そのためには、既存物質についても毒性データの届出を生産者に義務づけるとともに、毒性を含むさまざまな情報が、生産者から川下ユーザーや販売者、消費者、さらにはリサイクル業者や廃棄物処理業者に至るまで、十分に伝達されるシステムを、表示制度・ＭＳＤＳ（化学物質安全データシート）・ＰＲＴＲ（有害化学物質の排出・移動登録）などの手法を活用して整備することが求められる。

また、有害化学物質については、その回収・リサイクル・適正処理の責任を生産者に課すべきである。

（５）子どもや野生生物に配慮した安全管理

発達過程にある子どもは、化学物質に対して感受性が高く、体重当たりの暴露量も大人よりも多い。つまり、子どもは小さな大人ではないのである。現行の基準値は、大人を基準にして設定されたものがほとんどであるが、それでは子どもの健康や安全を確保できない。したがって、子どもの特性を考慮した基準値の設定が必要である。

また、野生生物の中には、例えば水生生物など、人間とは全く異なる環境中で生息しているものもある。これらの安全を確保するには、野生生物の体内メカニズムに着目した独自の基準値の設定が求められる。

(6) 多様なステークホルダーによる意思決定

化学物質の管理に関する意思決定については、科学的に不確実性がある場合が少なくないことを考えると、科学者など専門家や行政のみによることは必ずしも適当とは言えない。むしろ、市民・NGOを含むさまざまなステークホルダーが、当該化学物質のリスクの性質やその重大性、代替物質の有無や可能性、ベネフィットの大小、規制等の措置がもたらす影響等を総合的に判断して、当該物質の管理のあり方を決定すべきである。

特に、予防原則の適用をめぐっては、こうした意思決定の枠組みを整備し、社会的合意を形成する必要がある。

(7) 化学汚染のない地球を次世代に

こうした提案に対しては、「化学物質のリスクは自動車事故などのリスクと比較してずっと小さいから心配することはない」という意見がある。しかし、異なる種類のリスクを定量的に比較することができるだろうか。例えば、交通事故で死亡することと、化学物質過敏症になって「無菌室」でなければ生活できなくなることを、単純に比較して優越がつけられるだろうか。また、仮に自動車事故のリスクの方が高いとして、ではその対策にだけ費用を注ぎ込み、それよりもリスクの低い問題については何の対策も講じる必要がないというのだろうか。

もちろん、自動車事故対策も重要であることは言うまでもない。スウェーデンでは、自動車事故についても、「死亡者ゼロ」を目標に掲げ、「フール・プルーフ」や「フェイル・セーフ」の考え方に立って、事故が起きても生命の安全が守られるような製品設計を含む安全戦略が試みられている。しかし化学物質対策も不可欠であるとされ、「濃度ゼロ」を目標にして、対策が始まっていることは既述のとおりである。どちらの対策も必要なのである。

さらに、前にも述べたが、未知のリスクの存在も決して否定できない。現時点ではリスクは小さいが、後になってより大きなリスクが判明することもあり得るのである。それから慌《あわ》てて対策を講じたとしても、もはや手遅れという事態も考えられる。「人間は無知である」ことの自覚（無知の知）が求められているのではないだろうか。

こうしたリスク比較論の考え方は、実際には、有効な対策の実施を遅らせるだけで、決してリスク削減にはつながらないと思う。どの分野であれ、リスクゼロをめざして、必要な対策を効果的な方法で持続的に実施し続けることが求められているのである。そして、そうした意思決定には、人間の英知を結集するという意味でも、多様なステークホルダーの参画が不可欠なのである。

今日の化学汚染はすべて私たち大人が生み出したものである。次世代の子どもたちや野生生物には、何の罪もない。にもかかわらず、子どもたちは、生まれながらにして、その健康や健全な発達が脅かされている。野生生物は悲鳴を発することもできないまま、絶滅の危機に瀕しているのである。次世代の子どもたちや野生生物が安全に生まれ育つことができる地球環境を保全することは、私たち大人の当然の責務なのではないだろうか。そのための新たな戦略とその実現に向けた勇気ある行動が、求められているのである。

【注】

1 黒田 二〇〇三、一二三四頁
2 福島 一九九五、ダイオキシン・環境ホルモン対策国民会議 二〇〇四、四頁
3 佐藤 一九九五、五五九頁
4 村上 一九九八年、二一三頁以下、同 二〇〇五、一六五頁以下
5 ＲＥＡＣＨとは、Registration, Evaluation, Authorization of Chemicals の頭文字をとったもの

【引用・参考文献】

石川哲・柳沢幸雄・宮田幹夫 二〇〇二、『化学物質過敏症』（文春新書）
欧州環境庁編［松崎早苗訳］二〇〇五、『レイト・レッスンズ―14の事例から学ぶ予防原則』七つ森書館
大竹千代子 一九九九、『生活の中の化学物質―内分泌かく乱物質とダイオキシン』実教出版、同 二〇〇五、『予防原則―人と環境の保護のための基本理念』合同出版
黒田洋一郎 二〇〇三、「子どもの行動異常・脳の発達障害と環境化学物質汚染：ＰＣＢ、農薬などによる遺伝子発現のかく乱」『科学』二〇〇三年一一月号

シーア・コルボーン、ダイアン・ダマノスキ、ジョン・ピーターソン・マイヤーズ 二〇〇一、『奪われし未来（増補改訂版）』翔泳社
佐藤幸治 一九九五、『憲法〔第三版〕』青林書院
ダイオキシン・環境ホルモン対策国民会議 一九九九、『提言ダイオキシン緊急対策』かもがわ出版、同 二〇〇三、『化学汚染から子どもを守る』（国民会議ブックレット①）、同 二〇〇四、『知らずに使っていませんか？―家庭用品の有害物質』（国民会議ブックレット③）、同 二〇〇四、『精神鑑定からみた脳の異常』（ニュースレター三一号）、同 二〇〇五、『公害はなぜ止められなかったか？―予防原則の適用を求めて』（国民会議ブックレット④）
日本弁護士連合会 二〇〇四、『化学物質と次世代へのリスク』七つ森書館
福島章 一九九九、『子どもの脳が危ない』（ＰＨＰ新書）、同 二〇〇四、『精神鑑定からみた脳の異常』（ニュースレター三一号）
村上陽一郎 一九九八、『安全学』青土社、同 二〇〇五、『安全と安心の科学』集英社
森千里 二〇〇二、『胎児の複合汚染―子宮内環境をどう守るか』（中公新書）

第5章
環境リスクとどうつきあうか
～クマとの共存などを例に～

松田　裕之

1　自然観の変遷

(1) 利己的な遺伝子

一九七六年に初版が出たリチャード・ドーキンスの著書『利己的な遺伝子』(日高敏隆他訳　一九九一)は、世界中のベストセラーとなった。生物の生き方は遺伝子によって仕組まれており、それは種全体の個体数の繁栄に資するのではなく、種全体の利益をそこねても、自分の子孫を増やすように進化すると説く。流感にかかるとくしゃみをするのは、ウイルスが他人に感染するために人にくしゃみをさせていると解釈する。狂犬病の犬が噛みつくのも同じ理由だ。実際に寄生虫が宿主を操作している例はいくつか知られているから、あながち間違いとは言えないが、ウイルスがどのようにして人にくしゃみをさせているかを確認したわけではないだろう。

日本では、専門家の間ではすこぶる評判が悪い通俗本も貢献して、この「利己的遺伝子」説は広く社会に周知された。進化生態学の専門家の間では、これを「個体淘汰《とうた》説」と言う。それに対して、種全体の個体数が増えるような生き方が進化するという説を、「群淘汰《とうた》説」と言う。

群淘汰説が誤りであることを示す端的な例は、雌雄の比率である。ほとんどの動植物で、生まれたときの性比は一対一である。日本人の場合、二一対二〇でわずかに男子が多く生まれる。以前は子どもの頃の男子死亡率が高かったので、適齢期には男性は余っていなかったが、現在は男女ともに死亡率が下がり、出生《しゅっしょう》時の性比を反映して適齢期の男性が余っているといわれる。

生物には細胞の核が持つ遺伝子と、ミトコンドリアなどの細胞質が持つ遺伝子がある。後者は母親から子どもに受け継がれる。核遺伝子は、両親から均等に受け継がれる。哺乳類のようにXY型性決定の場合、雌では二つのX染色体を父母から一つずつ受け継ぎ、雄ではXは母、Yは父から受け継ぐ。史書によれば、かつて何人かの女帝がいたが、女帝の子が皇位を継いだことはない。だから、皇族に父親のすり替えがなかったとすれば、Y染色体は昔の天皇から現在の天皇まで受け継がれているはずである。その「伝統」は、もうすぐ崩れるかもしれない。

多くの動植物で、受精卵の大きさは未受精卵と同じで、精子（花粉）はずっと小さい。父親は核遺伝子の半分を子どもに残すが、細胞質という資産はほとんど残さない。だから、ある種の次代の個体数は、現在の雌（母）の数で決まる。雌が多いほど、種全体の個体数は増える。畜産農家では、雌の家畜を多く飼うほうが子孫を確保することができる。

ところが、ほとんどの動植物では、雌雄はほぼ半数ずつ生まれる。もしもその生物社会に雌が多いとき、息子を産めば、平均して一人以上の雌と配偶して子どもを残すことができる。そのほうが自分の孫が多くなりやすい。結果として種全体の個体数増加率は（半分に）減るが、自分の子孫を増やすことができる。これが「利己的な遺伝子」という比喩の意味するところである。

逆に、雄が多い社会では、息子を生んでも確実に配偶者に恵まれるとは限らない。それなら雌を生むほうが確実である。こうして、社会に少ないほうの性を生むほうが子孫に恵まれやすい。このように、常にある生き方（息子を産むこと）が自然淘汰の上で有利（子孫を残しやすい）でなく、少数派が有利になる状況を、頻度依存淘汰という。これは種内変異を維持する要因の一つである。これと似た現象は、人間社会を含め、生物の世界で広く見られる。

(2) 役に立ったゲーム理論

生物の関係は、進化の歴史を通じて成立したものであり、ある程度遺伝的に決まっている。それは、よく、ゲーム理論を用いて分析される。これを進化ゲームという。生態学で有名な進化ゲームを二つ紹介する。**表1**はタカハトゲームと呼ばれる（一般のゲーム理論では、弱虫ゲームと呼ばれる）。縄張り争いなどで、殺し合いを避ける平和的な行動（ハト派）を説明するときに用いられる。自分も相手も、縄張りなどの資源を巡って抗争するか、和解するかの二種類の行動があるとする。抗争をしかけるのが「タカ派」で、抗争を避けるのが「ハト派」である。一方だけがタカ派の場合には、タカ派が資源を独占し、利益六点を得る。双方ハト派の場合には資源を平和的に山分けし、双方が利益三点を得る（あるいはくじによりどちらかが資源を得て、双方平均三点を得る）。双方タカ派の場合には抗争に勝ったほうが六点を得るが、負けたほうは怪我をして八点を失う。勝率が五分五分とすれ

表1　タカハトゲームの例

		相　　手	
		タカ派（闘争）	ハト派（和解）
自　　分	タカ派（闘争）	－1、－1	6、0
	ハト派（和解）	0、6	3、3

双方の出方により４通りの結果がある。各欄に書かれた二つの数値は、左が自分の利得、右が相手の利得を表す。本文参照。

ば、双方ともに平均一点を失う。

このゲームには二つのミソがある。一つは、双方の利得の合計が、手により違うことだ。ハト派同士や一方だけがハト派のときは、利得の合計はどれも六点である。しかし、双方タカ派のときは利得の合計はマイナス二点である。このように、双方の出方によって利得の総和が異なるゲームを「非ゼロ和ゲーム」という。もしも、抗争に敗れたときの損失がないなら、タカ派同士の利得はマイナス一点ずつでなく、三点ずつになる。これはどの結果でも双方の利得の総和は六点で、「ゼロ和ゲーム」と呼ばれる。このとき、相手がタカ派なら自分がハト派なら〇点、タカ派なら三点だから、自分がタカ派のほうが得である。相手がハト派でもタカ派のほうが六点を得て得である。相手の出方にかかわらずタカ派のほうが得だから、自分はタカ派になるだろう。相手も同様で、双方タカ派で落ち着く。

このゲームのもう一つのミソは、得る資源の利益より抗争に敗れて失う損失のほうが大きいことである。抗争に敗れた損失が〇点でなければ非ゼロ和ゲームになるが、損失が六点未満なら、やはり相手がタカ派でもハト派でも、自分はタカ派として振る舞うほうが得であり、相手もタカ派が得であり、双方タカ派で落ち着く。しかし、損失が大きいと、事情は異なる。表1のように損失が八点のとき、相手がタカ派なら、自分はハト派のほうが損をしないだけましである。相手がハト派なら、自分はタカ派のほうが利益を得る。このときは、相手の出方により得な手が異なる。

進化ゲーム理論では、集団中のほとんどの個体がある戦略をとるとき、ほかの任意の戦略をとる「突然変異」個体が低い利得しか得られない状態を求める。この戦略を進化的に安定な戦略という。

表1の場合、タカ派ばかりの社会ではハト派がましであり、ハト派ばかりの社会ではタカ派が有利であり、どちらも進化的に安定ではない。

このような場合には、タカ派とハト派を確率的に使い分ける混合戦略が解となる。じゃんけんでも、常にグーを出す者ばかりの社会は進化的に安定ではない。パーを出す突然変異が有利である。じゃんけんでは、グーチョキパーを三分の一ずつの確率で無作為に出す戦略が進化的に安定になる。チョキが少ないとか、同じ手を続ける確率が高いとか、相手に自分の癖を知られてはいけない。

表1で、集団中のほとんどの個体のタカ派になる確率をp、ハト派になる確率を1-pとする。突然変異個体のそれらをqと1-qとすれば、平均利得はpとqの多項式で表される。p＝q＝6/8のときに平均利得は〇・七五となり、これが進化的に安定である。もし集団中のタカ派率pがこれより高ければハト派率の高い突然変異が有利であり、pが低ければタカ派率の高い突然変異が有利である。高校生でも解ける数学だから、興味ある読者は試みるとよい（松田 二〇〇四など参照）。

注目すべきことに、非協力解ではタカ派はなくならない。全員ハト派なら平均利得は三点であり、非協力解よりずっと高い利得を双方得ることができる。しかし、「利己的な遺伝子」はこのような解を実現しない。かといって、常にタカ派になるのでもない。生物の協力関係はこのように限定的に実現されると考えられている。

後で述べるように、種間関係には相利、搾取、競争の三つの関係がある。これは同種個体間の関係でも基本的には変わらない。非ゼロサムゲームでは、相手の損が自分の得になるとは限らない。そこに、協力関係が生じる可能性がある。だからといって、両者の間に利害対立がないわけではない。あくまでも、相手の損得にかかわりなく、自分の利得を最大にする振る舞いが進化的に安定になると考えられる。夫婦が互いに一緒にいることで利益を得ているとしても、夫婦喧嘩《げんか》をしないとは限らないのと同じである。

(3) 自然志向は安全ではない

現代人は、私も含めて多くの人工物に囲まれて生まれ育った。時刻は太陽や星でなく時計で知り、季節も暦で理解する。まだ身近にいるはずのカラスアゲハよりも世界中の珍しい昆虫をテレビ番組で知っている。

人間をほかの動物と区別するほとんどの言説は、迷信に近い。ほかの霊長類でも、道具を使い、言語を習得でき、同性愛まで知られている。「ほかの動物は餌として利用する以外の無用な殺戮《さつりく》をしない」というのも疑わしい。さらに、「ほかの動物は危険を冒《おか》さない」というのは全くの誤解である。餌を採るときには、天敵に襲われる危険を冒す。性行為の最中も危険である。寝ているときが一番危険というのは、ほかの動物には当てはまらない。

出産可能年齢を過ぎ、老衰するまで生き延びる動物は、野生では稀《まれ》である。私はかつて『死の科学』(品川・松田 一九八九)の中で、遺伝子を人生の設計図ならびに台本にたとえた。老衰とは、台本の最後まで演じたあとの状態であり、ふつう、その前に死んでしまう。川上音二郎の新劇はいつ官憲に制止されるかわからない状態で演じられた。過激なことを言って客が喜べば制止されやすい。穏当に進めれば制止されないが、客はしらけるだろう。制止される前に客をどれだけ興奮させるかが勝負である。いつまでも続けることができるなら、もっと長い台本を準備するだろう。寿命も、それと同じことである。

野生生物は、いつ死ぬかわからない、常に危険と隣り合わせに生きている。食品添加物を食べ続けると一〇万人に一人がガンにかかるかもしれないとしても、平均寿命八〇年がどれだけ縮むだろうか。ガンにかかって余命が三〇年縮むとして、一人当たり平均の寿命短縮は三〇年を一〇万人で割って〇・〇〇〇三年、つまり二・六三時間である。このような寿命短縮について三時間以上悩んだり発言したりすることは、割に合わないと言えるかもしれない。

野生動物の死亡率は、通常、これよりずっと高い。体重の重い動物ほど生理寿命が長い傾向にあり、生理寿命が長い動物ほど平均寿命も長い傾向にあるが、人間は、体重の割に寿命が図抜けて長い。これは、死亡率が低いことを意味している。

人間の死亡率がなぜ低いかといえば、集団生活を送っているからである。野生動物の主な死因は、天敵（被食）、伝染病、餓死、事故死、それに同種内の抗争である。人間は、先史時代に一生集団生活を送ることで天敵をほぼ克服し、掟《おきて》と法制度により殺人も減り、農耕文明により餓死を減らし、医療と衛生水準の向上で伝染病を減らした。さらに、安全対策も進んで事故死も減り、戦争回避により戦時殺人も減っている。つまり、ほとんどの死因を克服し、少なくとも現代の日本では、ほとんどの女性は出産可能年齢を超えて生き続ける。これは、生命の誕生以来初めての事態といってもよい。

だから、有害化学物質のリスクを無視すべきだというのではない。ただし、一〇万分の一の死亡率という低いリスクを問題にするのは、現代の文化的生活の賜物《たまもの》であって、自然志向ではないということは科学的な事実である。サナダムシなどの寄生虫がいれば花粉症にかからないと主張する専門家もいる（藤田 二〇〇〇）。有害化学物質の毒性を問題にするよりも、人間の無菌志向を反省するほうが近道かもしれない。しかし、それは別の、より死亡率の高い（といっても現代医療制度の下ではほとんど問題にならない死亡率だが）リスクを背負い込むことになるだろう。

私は自然志向を否定しない。生態学者として、むしろ自然と人間のかかわりを重視する。けれども、それがより死亡率の低い、安全な社会をもたらすとは考えていない。人間らしく生きることと、寿命を延ばすこと、安全を志向することが必ずしも一致しないと考えている。

（4） ガイア仮説批判

よく、人と自然の共生という言葉を聴く。生態学的に見れば、この言葉は変である。共生（symbiosis）とは、生態学では異なる生物が密接に関係しあって生きることであり、特に、互いの存在により子孫を残す上で双方が利益を得る関係（相利共生、mutualism）のことである。相利関係の多くは離れて生きる種間でなく、共生する種間で生じる。論理的には、生物の種間関係は、互いの存在が子孫を残す上で双方が障害となる競争関係、一方が利益を得て他方が損をこうむる搾取関係（exploitation）、それに相利関係しかない。搾取関係は、その場で相手を殺して食べる捕食関係と、相手を生かしながら利益を奪い続ける寄生関係に分けられる。さらに、損も得もしない場合（片利《へんり》共生と片害《へんがい》）も考えられる。広義の共生には、寄生も含まれる。

先に述べたように、相利共生関係といえども、利害対立は存在する。生態系の中の生物間の関係も同じである。これは、生物個体の諸器官の関係とは大きく異なる。よく、生態系を一つの生命体にたとえることがある。ガイア仮説がその代表である。その提唱者の一人であるジェームズ・ラブロックが喝破《かっぱ》したように、地球の大気中に酸素があるのは植物の賜物であり、生物の存在が地球の物理化学環境を作り出している。けれども、だからといって、個々の生物が生態系のなんらかの秩序に貢献するように振る舞うとは限らない。たとえばレヴィン『持続不可能性』（二〇〇三）では、地球生態系を壊れやすい“fragile dominion”いわば「ガラスの地球」と名づけ、ガイア仮説のような全体論的解釈に対して、注意を喚起していく。

では、人の存在がほかの生物にとって子孫を残す上で、利益をもたらすだろうか。インフルエンザウイルスは人口増加とともに繁栄した。ゴキブリなどの衛生害虫、イネのような栽培植物や家畜もそうだろう。森林を伐採して狩猟をやめ、シカやササが増えたのも人間のせいだろう。イネや家畜を除いて、人間と相利共生関係にあるとはいえない。私たちが「人と自然の共生」と言う意味は、イネや家畜を想定したものではないだろう。

人間は自然を搾取して生きる消費者である。しいて言えば、相利共生ではなくて寄生である。これを単に「共生」というのは、相利共生を連想させ、社会に誤解を与えるだろう。現代の問題は、人の自然に対する寄生が持続可能でなく、一昔前にありふれていた身の回りの自然が、今の世代になくなっていることである。だから、我々が目指すべきものは、「人の自然に対する持続可能な寄生」関係である。あるいは、後述のヒグマ問題のように、人と野生動物の共存を目指すと言ってもよい。

生態系の中で、生物は相互に密接に関係しあって生きている。ほかの生物の存在と無関係に存続する生物は、植物も含めて存在しない。有機物があれば増殖できる菌類はたくさんあるが、その有機物は、生命の誕生初期を除けば、大部分はほかの生物に由来する。その意味で、生態系は一つの「共同体」である。

しかし、ガイア仮説への注意で述べたように、その利害は、必ずしも一致するものではない。また、すべての相手が自分が子孫を残す上で利益をもたらす存在とも限らない。人間関係でも、友人は必要だが、いつも利害があうとは限らず、多くの知人は自分に利益をもたらすかどうか、必ずしも明確ではない。

2 内分泌攪乱化学物質とリスク評価

(1) 内分泌攪乱化学物質

環境と安全性を議論する上で、最近特に問題となるのが、いわゆる環境ホルモンである。これは野生動物および人間のホルモン作用を攪乱《かくらん》する人工化学物質で、ホルモンそのものではない。そのため、科学的には内分泌攪乱物質《ないぶんぴ》（Endocrine disrupters）という。その多くは、もともと自然界に存在しなかった人工有機化学物質であり、有機化学工業により石油などから作られたものである。

ホルモン（内分泌物質）とは、動物体内でごく微量で作用し、物質ごとに異なる反応をもたらす。個体間で作用する同様の物質をフェロモン（外分泌物質）という。内分泌攪乱物質はもともと自然界になかった物質で、生物各器官がそれを本来のホルモンと誤認して反応してしまうことで、ごく微量でホルモン作用を撹乱する。

現在、人工有機化学物質は毎年一万種類以上が開発されているという。その中に、このような内分泌撹乱化学物質が含まれる。すべての物質について、その安全性を実証することは不可能に近い。また、既に開発され、実用化されている物質の危険性も十分評価されていない。まして、人間以外の野生生物に与える影響を、すべてを定量的に評価することは不可能である。

これらの物質の中には、なかなか分解しないもの（難分解性）、生物体内に摂取されると排泄されずに残留するもの、食物連鎖を通じて濃縮されるものが含まれている。このような物質は、たとえ環境中にはごく微量しか存在しなくても、人間を含めた上位捕食者には無視できない影響を与える。海水ならびに大気中には、広く分布している人口有機化合物がある。以前広く使用されていたＤＤＴ（ジクロロジフェニルトリクロロエタン）の誘導体であるＤＤＥやＰＣＢ（ポリ塩化ビフェニル）などは、ppb（一〇億分の一）やppt（一兆分の一）の単位で計るごく微量の濃度ながら、南極付近の海水中や大気中からも検出されるという（宮崎 一九九二）。本来、自然界に存在しない物質だから、これは人間活動に由来するものである。これらは、食物連鎖を通じて濃縮される。栄養段階を一つあがるごとに、およそ一〇〇から一万倍程度に濃縮され、北太平洋のスジイルカでは、ＰＣＢ総量濃度が海水中の約一〇〇〇万倍に濃縮されて検出されている（宮崎 一九九二）。

ＰＣＢ総量を、スジイルカの雌雄別年齢別に調べてみると、雄では二〇歳程度まで年齢とともにＰＣＢ総量の濃度が増え、それより高齢では漸減している。これは、ＰＣＢが体内に残留するため、高齢ほど濃度が増えるが、二〇歳以上の高齢では、彼らが若かった頃の環境中のＰＣＢ総量濃度がそれほど高くなかったためと解釈できる。ところが、雌では一〇歳くらいまでは雄と同様に年齢とともに濃度が増えるが、それより高齢では濃度が激減する。これは、出産のときにＰＣＢなどを子どもや胎盤、さらに母乳とともに「排泄」するため、母体中のＰＣＢ濃度が減るためとされる（宮崎 一九九五）。

内分泌撹乱物質は野生動物にも影響を及ぼす。昆虫の薬剤耐性は人間が目に見えるほど年々進化することで知られているが、進化が早いということは淘汰《とうた》圧が強い、すなわち死亡率の極端な上昇または繁殖率の極端な低下により、より耐性の高い変異を持つ個体が急速に子孫を増やすことを示唆している。内分泌撹乱物質の影響が速やかに科学的に特定できる例は少ない。その数少ない例が、トリブチルスズ（ＴＢＴ）による巻貝類などへのインポセックス現象である。

船底にフジツボなどの付着生物がつくと、燃費が著しく悪くなる。ＴＢＴはフジツボがつかないよう、船底や漁網《ぎょもう》などの塗料として使われた。ところが、船底塗料のＴＢＴが海中にとけ出すと、低濃度でも沿岸の巻き貝類全体に劇的な悪影響を及ぼすことがわかった。

ＴＢＴは巻貝類の性ホルモン作用を撹乱し、本来雌だった個体に疑似ペニスが発生する。結果として、雌としての機能がなく、子供を作れない。

内分泌撹乱物質の多くは「雌化《めすか》」をもたらすが、ＴＢＴは巻き貝の「雄化《おすか》」をもたらす。次世代の個体数はおおむね雌の個体数で決まるから、雄化は集団の存続に劇的な悪影響を及ぼす。しかも、ＴＢＴは巻貝類すべてに雄化をもたらすと言われる。

(2) インポセックス対策の費用対効果

巻き貝の雄化がＴＢＴで起こっていると認められたのは、一九八〇年頃だった。それから欧米でＴＢＴの規制を求める動きがあり、やがて大型船の船底塗料に使うことが禁じられた。日本でも、少し遅れてこれが規制された。幸いにも最近では規制の効果が現れ、最悪の時期に比べて、多くの沿岸域で正常な雌が増えているという。

ところが、この「成功」を悔いている人がいる。アメリカ環境省の審議会でＴＢＴ規制を進言した環境化学者であるマイケル・チャンプ博士である（松田 二〇〇〇）。その理由は、ＴＢＴを使わないことによる経済的費用と、巻貝を守ることの利益の兼ね合いにある。ＴＢＴを使わない費用は、船の燃費悪化とドックでの保守点検の増加により、世界で年間五七億ドルにも達すると試算された。世界中の巻貝の漁業資源価値はＴＢＴ規制の費用に遠く及ばない。

しかし、ＴＢＴ規制の費用は永久に払うことにはならない。代替品《だいたいひん》もすでに開発されている。代替品も全く安全とは言えないかもしれないし、別の害があるかもしれないが、それが安全だとすれば、費用は短期間で収まる。ところが、仮に巻貝が全滅すれば、その資源の損失は未来永劫続くことになる。

また、自然の恵みを漁業資源の経済価値だけで計ることはできない。生態系サービスの価値は生物資源としての価値より桁違《けた》いに大きい（松田 二〇〇〇）。しかし、その価値を科学的、客観的に計ることはむずかしい。巻貝類全体に壊滅的な影響を与えかけたことを考えれば、もし絶滅前に巻貝自身がＴＢＴへの耐性を進化させることがないとすれば、上記の費用はほかの環境保全策に比べて高いとはいえないだろう。

（3） リスク評価の考え方

ダイオキシンなど、化学物質の汚染に関する問題では、よく「リスク」という言葉を使う。「危険性」または「危険度」という意味だが、このリスクという概念ほど危ないものはない。なぜなら、この危険性は、科学的に実証された前提だけを用いて評価されることはほとんどない。多くの場合、科学的に証明されていない前提に基づいて評価されているからである。したがって、このリスクが過大評価であることも、過小評価であることも多々あることだろう。

いずれにしても、私たちには、いろいろ「望まない事象」がある。自然破壊も好ましくないだろうが、ある状態が自然破壊かどうかは定義があいまいである。しかし、トキが絶滅したというのは具体的な事象である。ガンを患《わずら》うとか、死ぬというのも明確である。このように、客観的に起きたかどうかが判別できる「望まない事象」のことを、リスク学では「エンドポイント」という。

このエンドポイントが起きてしまったとき、どの程度の影響があるか、たとえば毒性の強さをハザードという。ガンにかかるのと、足を骨折するのでは、ハザードは違う。トキの絶滅とツキノワグマの絶滅も、ハザードは違うだろう。それは社会あるいは個人の価値観によっても異なる。

エンドポイントの発生確率とその影響の強さの積を「（確率論的）リスク」という。

問題は、その発生確率の計算方法である。発生確率がわかっているとは限らない。たとえば、ダイオキシンを毎日一ng（ナノグラムは一〇億分の一グラム）摂取したときの発ガン確率は、正確にはわからない。わからないものを評価するには、推測に基づいて評価することになる。すなわち、多くのリスクは実証されていない前提に基づいて評価される。

新たな有害化学物質の毒性が、毎日摂取し続けて一生の間に発症するリスクが一〇万分の一に当たると思われるとき、よく規制の対象となる。人体実験をするわけにいかないので、高濃度における化学物質の濃度と反応の関係から、低濃度のときに起こることを推定することになる。たとえば濃度一mg／Lと〇・一mg／Lのときの発ガン率がそれぞれ五〇％と五％だとすれば、両対数グラフで直線関係を仮定すると、二〇ng／Lのときに発ガン率が一〇万分の一になる。このように、ある（濃度の）範囲で得られた関係を、調べた範囲の外側でも成り立つと仮定して得られた推定を外挿という。因果関係が証明されていないとき、外挿は、本来科学ではやってはいけないことであった。

(4) ゼロリスク論と費用対効果

わからないものをすべて排除するという考えもあるだろう。これを「ゼロリスク論」という。けれども、先に述べたように、ヒトも含めた野生の生物はもともと死と背中合わせに生きてきた。リスクのないところには繁殖機会も娯楽もない。いつも世話になっている食堂で食中毒になるリスクも、ゼロではない。それをすべて避けることは、人と自然のつながりや、人と社会のつながりを維持する中ではありえないことである。特定のリスクだけを避けることは可能だが、それにかかわる人々だけを迫害することになりかねない。二〇〇二年の牛海綿状脳症《ぎゅうかいめんじょうのうしょう》(BSE)騒動のときに、焼肉屋は閑散として倒産の憂《う》き目にあった。私もわざわざ牛の脳を食べたいとは思わなかったが、牛肉を食べてヤコブ病に感染する確率はきわめて低かった。そのリスクを避けるために、人々はふだん世話になっていた焼肉屋を見放した。ところが、米国でBSEが発見されたとき、まもなくなくなる米国産牛肉を使っていた牛丼チェーン店は大繁盛していた。これは客層の違いによるものであろうか。牛肉も育て方により抗生物質などの含有量が異なり、そのリスクはBSEのリスクよりはるかに高い。

リスクのない食材はない。どの程度のリスクかを知ることがたいせつだ。ロドリックス著『危険は予測できるか』(一九九四)によれば、落雷で毎年平均二〇〇万人に一人が死ぬ。流星《りゅうせい》直撃でも一〇億人に一人が死ぬという。これを心配して野外に出ない人はいないだろう。それこそ、杞憂というもの

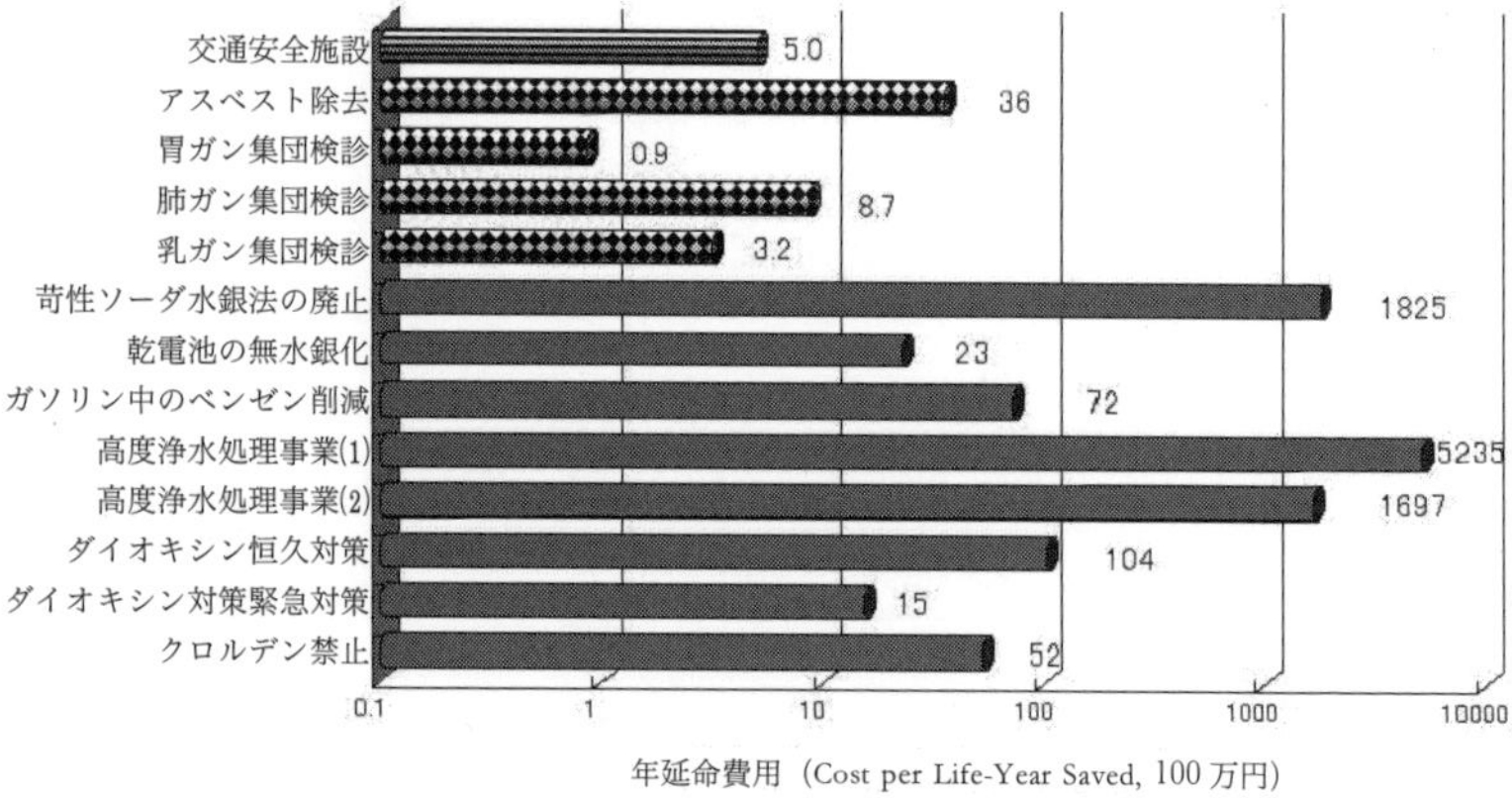

図1　リスク回避の費用

「年延命費用」とは1人1年の寿命延長をもたらすのにかかる費用のことである。（岸本 1997 より）

だが、杞憂もゼロリスクではないのである。

リスクを避けるには費用がかかる（**図1**）。年当たり死亡率を〇・〇一％下げる措置により、一〇〇万人がその恩恵を受けるとする。平均寿命を八〇年とすると、年死亡率は一・二五％これを〇・〇一％下げるのだから年死亡率は年一・二四％に下がり、平均寿命は八〇・六年と〇・六年分増える。

このような対策に一億円かかったとすると、年延命費用は一億円を「〇・六年の一〇億人倍」で割ればよいから、約一六銭である。これは安いと私は思う。しかし、図1に載っている例はこれよりずっと高くついている。

費用がいくらかかろうと、人命には変えられないという主張もあるだろう。しかし、ある対策に桁違いの費用をかければ、ほかの対策に費用をかけることができなくなる。環境化学物質の対策よりも、交通安全対策に力を入れ、自転車専用道路を整えるほうが、交通事故が減り、排気ガスも減って環境にも優しくなる。政策には優先順位があるはずだ。経済的な費用対効果だけで優先順位を決めるべきではないが、極端に費用対効果の低い対策を優先させるには、明確な根拠が必要である。

(5) 予防原則

予防原則（precautionary principle）という概念が国際的に定着した契機は、一九九二年にリオデジャネイロで開かれた地球サミットであろう。このときのリオ宣言第一五原則には、「環境に対して深刻あるいは不可逆的な打撃を与えるとき、科学的に不確実だからという理由で環境悪化を防ぐ費用対効果の高い措置を先延ばしにしてはいけない」という文言が盛り込まれた。これが後に予防原則または予防的取り組み（precautionary approach）と呼ばれるものの、最も有名な定義の一つになった。

上記とほぼ同様の文言が、一九九二年の地球サミットで採択された生物多様性条約および気候変動枠組《わくぐ》み条約にも盛り込まれている。

これまで、科学者は学会内部ではさまざまな仮説を提唱し、相互に検証する活動を繰り返してきたが、一般社会に対しては、実証されていない、仮説段階で発言することを厳に戒める風潮があった。それが科学者の「良識」であった。けれども、予防原則はこの「良識」を根本から覆した。学者の発言は、再現性のある実証されたものに限られるため、しばしば条件付きの限定的なものになり、歯切れが悪い。それさえ実証されていない場合、学者によっては軽々しく社会に意見を述べないこともある。それを「象牙《ぞうげ》の塔に引きこもり、社会的責任を果たさない学者」のように言われることさえある。

リオ宣言の予防原則を見てもわかるとおり、科学的証拠がどの程度不確実でも対策を採るかは、明記されていない。したがって、どの程度の証拠で社会に発言するかは、学者個人により大きく異なる。リオ宣言にある「深刻または不可逆的影響」という但《ただ》し書きさえ守られないことが多々ある。ワシントン条約（CITES、絶滅のおそれのある野生動植物のある種の国際取引に関する条約）でも、この但し書きのない予防原則が盛り込まれていたが、二〇〇四年の附属書掲載基準改訂の際に、リオ宣言の定義が明記された。予防原則の拡大適用を批判する意見も学界では根強い。

予防原則と関連して、危険があることではなく、危険がないことを証明すべきであるという「立証責任の移行」を主張する者も多い。しかし、危険があることは証明できるが、危険がないことを証明することは、原理的にほとんど不可能である。どこまで危険性が低いことを十全に証明すればよいかは、ものによりさまざまである。有毒化学物質の危険性については、野生生物の生存率を一〇％下げるだけでも規制対象となるのに、漁業では生存率を五〇％下げても（つまり、毎年半分とっても）、捕鯨問題などを除いて乱獲とはみなされていない。

一〇万人に一人の死亡率をもたらすかもしれない化学物質の規制を主張する者が、一万人に一人が毎年死んでいる自動車事故をもたらす自動車を運転している。自動車は、運転者自身が死ぬリスクだけでなく、無関係の歩行者などをひき殺すリスクも低くはない。しかも、化学物質のリスクの大きさは外挿《がいそう》など、必ずしも実証されたものではないが、自動車事故のリスクは統計的に明確に証明されたリスクである。

3　人と自然の「間」の取り方

(1) 菜食主義と動物愛護

最近、アメリカやカナダの環境・生態系の大学院の学生の半数くらいが菜食主義者（ベジタリアン）のようである。彼らの教官の世代にはほとんどいないが、急速に広がりつつある。もともと菜食文化だったモルモン教徒や仏教徒というわけではなく、留学生に多いわけでもなく、もともと肉食文化で生まれ育ちながら、学生になったあと、自らの考えで菜食主義者になった者がほとんどのようである。私は、この数年間、さまざまな大学で非常勤講師などをする際に、日本人で菜食主義者がいるかどうかを尋ねるが、まだいたためしがない。欧米の流行はだいたい数年遅れで日本に入ってくるが、はたして日本の環境・生態系の大学院生の中で菜食主義者がどの程度増えるか、興味を持って様子を見ている。

日本周辺の北太平洋ミンククジラ、南氷洋のクロミンククジラは個体数が十分多く、一度も激減したことがない。これらのクジラを国際監視のもとで管理しながら獲《と》ることは十分可能である。国際捕鯨委員会の科学委員会で合意された改訂管理方式（RMP）は、どの国の漁業管理よりもずっと厳《きび》しく、乱獲が起きないように設計されており、産業として採算性が取れるかどうかは疑問だが、乱獲されるおそれはほとんどない。

十数年前、私が一年間ミネソタ大学に滞在したとき、ほかの生態学者からもなぜ日本は鯨肉《げいにく》を食べるのかと問われた。アメリカ人は家畜の牛肉を食べる。ウシよりクジラが知能が高いとはいえない。家畜は利用してもよいが、野生動物は利用すべきではないという意見があるが、イソップ童話では、飢えたオオカミと鎖につながれた飼い犬の寓話《ぐうわ》がある。家畜は檻《おり》に入れられ、食われるという二重の不幸を被《こうむ》っているではないかと言うと、相手は黙ってしまった。私は野生のクジラも持続可能に食べてもよいと説得したかったのだが、最近の米国の学生たちは、家畜も食べなくなる方向に解を見出しつつある。

自然保護と動物愛護とは異なる思想である。これは、動物の権利（アニマルライツ）と自然の権利を主張する運動の間の違いでもある。動物の権利を主張する人々は、人種差別や男女差別の撤廃と同様の理由で、人類だけを特別視する種《しゅ》差別主義の撤廃を目指し、動物の権利を認めるように説く。けれども、人種差別や男女差別の場合には、被差別者の権利を認めると同時に、彼らに道徳的行為を行う義務も課す。これに対して、動物の権利を認めるものは、サルやイヌやクジラが道徳的行為を行うことを期待していない（岡本　二〇〇二）。動物は権利の主体（object）ではなく、あくまで権利の受け手（patient）である。だから動物愛護がいけないとはいえないが、人種差別の撤廃などと同列に扱えないことは論理的に明らかである。

また、動物愛護を説く者も、昆虫、魚、イヌ、クジラ、サルを同列においてはいない。どの動物に権利を認めるかは議論があり、権利を付与する対象は動物愛護主義者たちが決める。そのため、種差別主義への「反省」から動物愛護を説くことについては、愛護対象を人間が決めること自身、人間中心主義の一つであるという、倫理学からの論理的な指摘がある（岡本 二〇〇二）。

日本人は江戸時代に獣肉《じゅうにく》を食べなかったといわれるが、それ以前は日常的に食べていたはずであり、江戸時代にも狩猟者は存在し、食べる人々がいた。野生哺《ほ》乳類の狩猟で得た獣肉に依存していた人口はそれほど多くはなかったかもしれないが、乱獲にいたらなくても、個体数を一定水準以下に抑《おさ》えるほどの効果はあったかもしれない。哺乳類自身も、人間を天敵として認知し、人間を避けるようになっていたことだろう。シカの個体数は、昔から変動していたかもしれない。けれども、現在、シカの食害により絶滅のおそれのある植物が続出していることは、人為的影響が、たとえば知床《しれとこ》半島のような原生自然が残されていたところまで及んでいたのだろうと考えられている（常田ほか 二〇〇四）。

日本人が野生鳥獣の狩猟を控えるようになったのは、戦後、この半世紀足らずのことと言われる。それまでは、有史以前から、野生鳥獣は常に人間の狩猟圧にさらされてきた。現在、日本各地でニホンジカが大発生し、草本、樹皮などを食べつくし、各地の固有植物を絶滅の危機に陥れている。日本植物分類学会は、二〇〇三年に「南日本・西日本の絶滅危惧《きぐ》植物保全のためのシカによる採食防止の要望書」を発し、シカの採食に対策をとるよう訴えている。

だから野生鳥獣の狩猟を続けるべきであるとはいえない。重要なことは、もしも狩猟文化を止《や》めるなら、それは人間と自然の新たな関係を築くことになるということである。その新たな関係が、うまく生態系の秩序が今までの生物多様性を守ることができる形で維持できるかどうかはわからない。つまり、狩猟文化の廃止と生物多様性の保全が自《おの》ずと調和するとは限らないということである。そのことを認識する必要がある。

(2) なぜ生物多様性を守るのか

なぜ生物多様性を守る必要があるのか。これは生態学だけで答えが出せる問題ではない。生態学は「すべきこと」を結論付けるものでなく、「である」ことを論じる科学である。けれども、持続可能性を志向するという前提に立てば、それを達成するのに科学的に有効な方法や、理念の整理が可能である。

アメリカ生態学会の専門委員会の報告書（Christiansen et al. 1996）でも、生態系保全の最大の根拠を世代間持続可能性においている。日本の生態学者も同様である（鷲谷・松田 一九九八）。端的に言えば、私たちが子供の頃にあった自然が、今の子供の周《まわ》りにないことが問題である。二〇〇〇年頃に公表された環境省の「絶滅のおそれのある野生生物」（レッドデータブック）では、メダカやキキョウが絶滅危惧種と判定された。これらはまだ広く分布しているが、各地で急速に減っている。最近の減少率が将来も続くとして個体数を外挿すると、一〇〇年後にはこれらの生物は日本中からいなくなってしまう。このように一世紀後に絶滅するおそれのある生物も、絶滅危惧種の第三ランクと定義される。次世代に自然の恵みを残すという持続可能性の趣旨から見て、このような生物に対して一定の保全努力を払うことになる。

　人間の文化は、身の周りの自然に強く依存すると考えられる。我々が百人一首にある程度共感するのは、昔の日本人と風土を共有しているからであろう。現在、生物だけでなく、少数民族の言語、伝統文化の多くが絶滅の危機にある。また、俳句にも「絶滅危惧季語」がたくさんあると言われる。各地域の自然あるいは風土を残すことは、歴史や伝統を重んじることに通じる。

　人口が増えて、巨大な人工浮島《うきしま》（ギガフロート）を作り、そこに農耕地を作り、海水を淡水化すればよいという議論がある。おそらく、そこには「自然らしい」山河がないだろう。そこで生まれ育つ人は、自然を認識できるだろうか？　今でさえ、自然志向と安全性がしばしば相反することが十分理解できていない人は数多い。野生鳥獣を利用しない状態が、先史時代から続いていた人と生態系の従来の関係を変えてしまうという認識がない人も数多い。だから、乱獲を避けるときに、いきなり全面禁猟を目指すことになる。自然に対する「畏敬《いけい》の念」が失われたまま、環境保護を議論することになる。

　人間の生活と文化にとって、自然（身近な生態系）は不可欠である。ただし、「あるがままの」生態系が不可欠とは限らない。人が生態系とかかわることで、生態系が変化する。持続可能で人間の生活を支える生態系を保全することが重要であろう。

　もう一つ、生態系には地域としての固有性がある。これはよその場所と異なる、「かけがえのなさ」であり、不可欠性（欠かせなさ）とは異なる。これは単に絶滅危惧種に限ったことではなく、その地域の在来の生物が将来も生き続ける環境を残しておくことの重要性が指摘されている。それは、すべての個体を残すということではない。在来生物の子孫を絶やさなければ、後世の人々も、それらの生物に囲まれた自然環境を享受することができるだろう。

(3) 北海道のヒグマ保護管理計画

ヒグマは雑食性で、大型哺乳類でありながら冬眠をすることで知られている。秋にはブナなどの堅果《けんか》を主食とし、その豊凶が居住区への出没や、繁殖率に影響するとも言われている。ヒグマは遡上《そじょう》するサケを捕り、さらにシカを食べることもある。ヒグマは東南アジアで絶滅危惧種であり、ワシントン条約（CITES）で国際商取引が禁止されている。しかし**図2**に示すように、北海道ではヒグマはまだ広くたくさんいる。とはいえ、上位

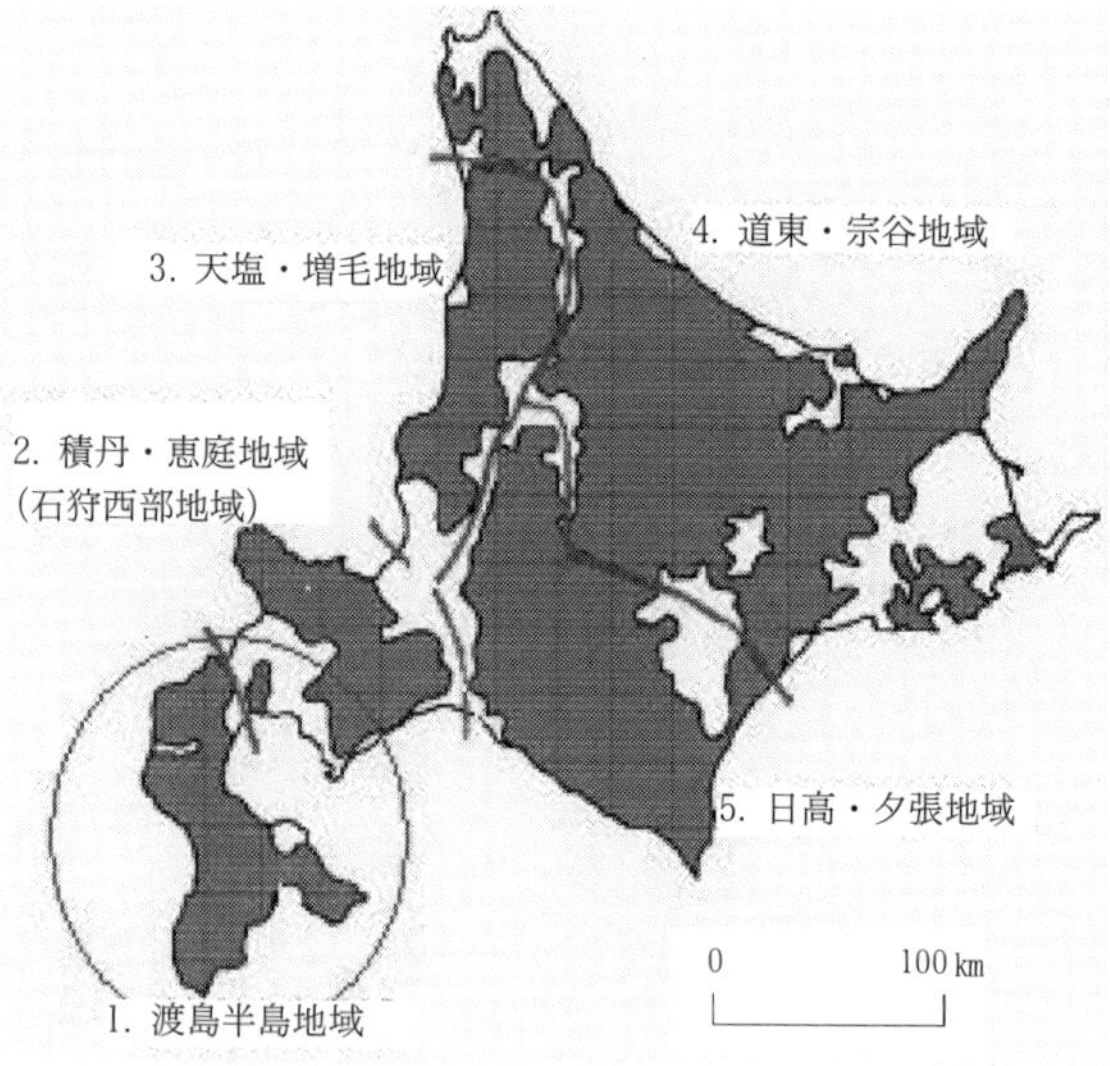

図2　ヒグマの生息域

全体で5つの個体群に分かれていると考えられている（灰色部分）。
（北海道環境科学研究センターのウェブサイトより）

捕食者でもあり、生息頭数はそれほど多くはない。北海道全域での個体数は見当もつかないが、渡島《おしま》半島個体群では、数百頭から千頭程度と見られている。

渡島半島の個体数が増えている証拠はないが、人を襲う事故件数は増えている。特に、山に自然の餌《えさ》が少ない年には、人里への出没が増える。死亡事故は数年に一度程度だが、農業被害は無視できない。畑を荒らしたあとがあったり、熊の目撃があるのは日常化していて、人間社会に恐怖を与える。渡島半島の住民にとっては、有害化学物質の死亡リスクよりも高いリスクがある。

熊はほとんど人を襲わない。たいていは、熊のほうが先に人に気づき、人が近づく前に遠ざかる。アイヌは、熊のことを「山の神」を意味する「キムンカムイ」と呼んでいる。人が不意に熊に遭遇し、人が対応を誤ると、熊も人を襲うことがある。熊よけの鈴が売られているが、ネズミがネコに鈴をつける話とは異なり、人が鈴をつければよい。

ヒグマは畑に侵入してとうもろこしなどを採食する。蜂蜜も大好物である。都市部では、放置された生ごみを食べる。空き缶のジュースの味を覚えて自動販売機を壊した熊もいて、罠《わな》に缶ジュースを置いて誘って捕まえたという話もある。このような熊には、人を避けなくなる熊もいる。このような熊を、アイヌは「悪い神」を意味する「ウェンカムイ」と呼んでいる。

狩猟者が減って、シカが人を恐れなくなったと述べたが、熊も同じである。人里においしい餌があることを知ると、人と熊の共存は難しくなる。

米国イエローストーン国立公園でも、人と熊の共存を目指している。また、一旦絶滅したオオカミの再導入も試みられた。イエローストーンでは「ゴミが熊を殺す」、「餌付《えづ》けされた熊は死んだ熊（A fed bear is a dead bear）」という標語がある。いずれも、人の不適切な対応により、本来共存できるキムンカムイを人を襲うウェンカムイにさせないよう努めている。人と自然の共存とは、熊に餌をやることではない。熊を狩ることが、有史以前から人と熊の共存状態を支えてきたのである。

人を避ける熊といっても、彼らの行動圏は人の居住圏と重なっている。石原行政改革担当相が、高速道路の上には車よりも熊のほうが多いと言ったことがある。そんなに熊が多いわけではないが、たしかに熊も高速道路を行き来していることが知られている。

熊と共存するためには、熊に畑を荒らされるリスクとともに、襲われるリスクも覚悟しなければいけない。このリスクをゼロにしようとすれば、出没する熊をすべて駆除せざるを得ない。このように、本来自然志向は危険を伴うものである。リスクゼロを目指すことは、人と自然の歴史的な関係とは異なる関係を目指すことである。

しかし、リスクを増やし続けることは、社会的に受け入れられないだろう。私たちは、熊を人を避けるキムンカムイと避けないウェンカムイに分けて考え、前者を保護し、後者を捕獲し、前者から後者に「変心」することを避けるような管理計画を目指している。両者は外見では区別できず、生物学的に分けられる範疇《はんちゅう》ではないので、まず、これらを判別し、捕獲個体がどちらであるかを診断し、それに応じてウェンカムイの個体数、捕獲率などを推定することが重要である。また、熊が人を襲う低いリスクを説明し、そのリスクを社会に受け入れてもらえるようなリスク・コミュニケーションが必要である。

以上、この章では、自然と人間の関係が、もともとリスクの高い関係だったこと、リスクの評価法は科学的に未確立であり、適応分野によって避けるべきリスクの大きさに著しい不均等があること、人間の安全性を追い求めることが、自然を損なうことにつながりえることを紹介した。

【引用・参考文献】
岡本裕一朗 二〇〇二、『異議あり！生命・環境倫理学』ナカニシヤ出版
岸本充生 一九九七、『環境規制改革と費用便益分析の政策的利用に関する基礎的研究』（京都大学大学院経済学研究科博士学位論文）
鬼頭秀一 一九九七、『自然保護を問い直す』筑摩書房
品川嘉也・松田裕之 一九八九、『死の科学』光文社
常田邦彦・鳥居敏男・宮木雅美・岡田秀明・小平真佐夫・石川幸男・佐藤謙・梶光一 二〇〇四、「知床を対象とした生態系管理としてのシカ管理の試み」『保全生態学研究』9
リチャード・ドーキンス［日高敏隆他訳］一九九一、『利己的な遺伝子』紀伊国屋書店
中西準子 二〇〇四、『環境リスク学―不安の海の羅針盤』日本評論社
藤田紘一郎 二〇〇〇、『体にいい寄生虫―ダイエットから花粉症まで』講談社文庫
松田裕之 二〇〇〇、『環境生態学序説：持続可能な漁業、生物多様性の保全、生態系管理、環境影響評価の科学』共立出版
松田裕之 二〇〇四、『ゼロからわかる生態学―環境、進化、持続可能性の科学』共立出版
宮崎信之 一九九二、『恐るべき海洋汚染』合同出版
サイモン・レヴィン［重定南奈子・高須夫悟訳］二〇〇三、『持続不可能性』文一総合出版
J・V・ロドリックス［宮本純之訳］一九九四、『危険は予測できるか』化学同人

鷲谷いづみ・松田裕之　一九九八、「生態系管理および環境影響評価に関する保全生態学からの提言（案）」『応用生態学』1
鷲谷いづみ・矢原徹一　一九九八、『保全生態学入門』文一総合出版

第6章
監視社会化の何が問題か
～安全第一主義がもたらす社会変容～

原　一樹

はじめに

二〇世紀後半を代表するフランスの哲学者ジル・ドゥルーズは、一九九〇年の短い論考、「管理社会に関する追伸」の中で、「重要なのは、私達が何かの始まりに立ち会っていることだ」と述べている。この、始まりつつある新しい何かこそが、コンピュータを駆使する「管理社会」である。更に彼は「管理社会は監禁により機能するのではなく、不断の管理と瞬時に成り立つコミュニケーションにより駆動される」と言い、「今日、目の前に迫った開放環境における休み無き管理形態に比べれば、最も冷酷な監禁ですら甘美で優雅な過去の遺産に思えてくるだろう」と、後続世代が生きることになる世界についていささか恐ろしげな予言を遺している。

ドゥルーズが亡くなった一九九五年、マイクロソフト社のOS「ウィンドウズ95」が発売され、日本でも一般ユーザーによるパソコン使用が拡大し始めた。また、九〇年代後半から爆発的に普及した携帯電話の台数は遂に昨年（二〇〇四年）固定電話のそれを上回った。ドゥルーズが先の論考を書いてからの一〇数年間に、私達を取り巻く情報環境・コミュニケーション環境は激変したと言えよう。「瞬時に成立するコミュニケーション」の拡大による社会の利便性の高まり、これは現在を生きる私達の一つの実感であろう。では、ドゥルーズは何をもって「管理社会」と呼び、それを危惧したのだろうか。

これを考える際、日々身近に使いこなしているパソコンや携帯電話のみを念頭においてはならない。

この一〇数年間、映像監視技術（監視カメラ・Nシステム）、コンピュータを駆使した個人情報の収集と利用の実践（政府主体の住基ネット・企業主体の顧客情報管理とそれに基づくマーケティング）、更には、各個人特有の身体情報をコンピュータ分析し個人認証を行うバイオメトリクス技術、これらのものもまた社会へと浸透したという事実を忘れてはならない。この事実が社会をいかに変容させているか、その変容のどこに私達は批判的検討を加えねばならないのか、こう問う必要がある。

無論、私達がこれから生きようとしている社会について、二〇〇五年という現時点で決定的見解を述べ評価を下すことなどできるべくもない。本章は、以下の課題を果たすことで満足しよう。①進行しつつある「監視社会化」の基本的特徴を整理すること、②浸透しつつある様々な監視システムの概要と現状を把握すること、③監視システムの社会への浸透の含意を理解した上で、諸論者が提出する価値判断と処方箋を踏まえつつ今後の理論的・実践的方向性への見通しを得ること。また、この手順で論を進める中から、ドゥルーズが明示的には語らなかった、「何故、いかなる意味で監視社会化は危惧されるべきなのか」という問いへの解答も見通せよう。ドゥルーズはこう書いていた。「自分たちが何に奉仕させられているのか、それを発見するつとめを負っているのは、若者たち自身なのだ。」

1　進行しつつある「監視社会化」の基本的特徴

既にこの日本においても、「監視社会化」問題に関する研究が蓄積されつつある。本節ではそれらを参照しつつ、「監視社会化」の基本的特徴を確認しよう。１「近代資本主義社会の嫡流としての監視社会」、２「監視主体及び監視システムの複数性とその交錯」、３「意識的主体としての〈私〉の重要性の低下」、これらを理解する必要がある。

まず、「近代資本主義社会の嫡流としての監視社会」について[1]。そもそも人間が小規模の村落共同体に暮らしていた頃から、（いささか強すぎる表現ではあるが）相互の言動を監視していたことは明らかである。地縁や血縁を基盤とする、相互に名前と顔を見知っている狭い共同体において、お互いがお互いに向ける視線が各個人の言動を制御していたことは疑いを入れまい。この状況が、数百万以上もの人口を擁する近代国家へと主要な政治的単位が移行し、各個人が移動と職業選択の自由を持つに至った近代社会以降、変容するに至る。資本主義ベースの近代社会について、人々が生まれた土地を出て、見知らぬ人々と様々な関係を結び生きていかねばならない、匿名性を基盤とする社会であるとの理解は妥当なものである。近代以降私達は、自分が何者であるかを様々な仕方で証明せねばならなくなったと言える。出身地・年齢・住所・学歴・職歴等の個人情報は、個人が匿名性をベースとする近代資本主義社会で生きていく上で、政府や企業により知られる必要があった。自分が現在何歳であるかを証明できることが、社会保障の受給者資格を得るために必要であったり、自分がいかなる学歴・職歴を持っているかが企業との交渉において必要であったりする事態を考えて見ればよいだろう。以上を逆に言えば、私達は個人情報の提供により様々な便益を得てきたとも言える。

さて、匿名性をベースとする社会の中で個人情報を提供することを条件に様々な便益を入手することができるというこのシステム自体は、今後の監視社会化の中でも変わることはないだろう。この意味で監視社会は近代資本主義社会の嫡流として誕生しつつある。しかしながらそこにはやはり、根本的に新たな側面も見出される。それは何か。

まず、そもそも今私達は「監視」という表現をどう理解すべきだろうか。「監視」の本来の意味は文字通り、「目で見張ること」ではあるだろう。しかし私達は現在、単に様々な視覚装置によりあらゆる生活場面における各個人の姿を捉えることが可能であるのみならず、各個人の「属性情報」(性別・年齢・学歴等)、「位置情報」(GPSシステム)や「購買履歴・取引情報」(クレジットカード使用状況追跡・インターネット閲覧サイト追跡)までも獲得できる技術状態にある。よってこの現状に合わせ、「監視」の語に、「監視主体が監視対象に対しある意図を持ち情報を収集すること」という包括的な意味を与えた方がよいだろう。本稿もまた、この拡張された現在的意味で「監視」概念を理解し使用するものである。

このように、「監視」の語に新たな内実を付与することが適切であるほどに私達の技術力は向上しているわけだが、この高い技術力こそが、今進展しつつある「監視社会化」にその「新しさ」を付与していると考えられる。

この「新しさ」とは、「コンピュータ・データベースの普及」とそれに伴う「監視主体による監視対象の検索・選別能力の向上」であるとまとめられるだろう。従来のシステムにおいては、各個人は特定のサービスや便益に自らが値する人間であることを証明するために、自分の個人情報(の一部)

を提供すればよかった。言い換えれば、その人間がその人間であることを証明することが、監視主体にとっても監視対象にとっても問題であったと言えよう。コンピュータ・データベースの普及により、現在進展しつつある監視社会化においてもこのプロセスが強化されつつあることは一方で動かない。各個人の基本的属性情報に購買履歴・取引情報を、更には位置情報をも重ね合わせることで、その個人をかなり厚みのあるプロフィールにおいて監視することが可能となりつつある。しかし他方で同時に理解しておくべきは、監視主体が特定の属性を持つ「個人集団」を検索し選別することが格段に容易になりつつあることだろう。例えば「男性・○大学出身・年齢○歳・推定年収○円・現住所○県」に該当するような人間を検索することはコンピュータ・データベース以前にはかなりの労力がかかる作業であったはずである。データベース内の全情報を高速度で検索できるシステムの登場がこの類の作業を容易なものにしたことは理解し易いだろう。現在の監視社会化は、個人を特定の個人として同定する能力もさりながら、特定の属性を持つ個人集団を集団として監視する能力を格段に飛躍させせつつあるのである。

では次に、監視社会化の第二の基本的特徴、「監視主体及び監視システムの複数性とその交錯」について。しばしば指摘されるが、私達が生き始めている社会は、かつてジョージ・オーウェルが『一九八四年』で描いたような、「ビッグ・ブラザー」なる単一の監視主体（国家）が、各個人の情報や言動を完全に監視し支配する社会ではない。確かに、監視カメラが治安維持を名目として、住基ネットが行政の効率化を名目として、政府や自治体により設置・運営されている現状はある。セキュリティ確保の名の下に、空港など交通機関において指紋や虹彩情報などを採取する動きも見られ、政府・自治体による個人情報収集の動きの高まりは注視すべき事態ではある。だがやはり、現在の監視社会化への歩みを推進しているのは政府・自治体のみに留まらず、企業や市民もその主体であるという点は強調されるべき論点だろう。例えば、企業は「より的確で無駄のないマーケティング」という狙いのもと、各個人の職業及び推定年収・クレジットカード決済情報・インターネットサイト履歴情報を収集し、「顧客管理」を行っている。また、まさに企業の手で銀行のATMやコンビニエンス・ストアに監視カメラが設置されているのを知らない者はいないだろう。更に、各地方の商店街が自発的に監視カメラを設置しようとしたり、「便利さ」に魅了され、一市民である私達が自分の位置情報を携帯電話やJRの発行するSuicaカードなどを通じ、進んで企業側に提供してしまったりしているという事実もある。政府・企業・市民がそれぞれの動機の下、監視社会化の推進主体となっているというのが今の現実である。

監視システムが複数存在することにも注目しておこう。それらは便宜的に、映像中心のシステム（監視カメラ・Nシステム）、情報中心のシステム（住基ネット・企業が持つ顧客情報データベース）、身体中心のシステム（バイオメトリクス）に区分されるだろう。その上で重要なのは、これらが相互に交錯する点である。例えば、監視カメラのみが駆動すれば、それにより複数の人間が映し出されるに過ぎないが、そこに「顔認証システム」が加わると、一気に「特定の個人の同定」という更に強力な監視実践が可能となる。また、政府が持つ各個人の名前や住所等の基本情報のみからなる住基ネット情報と、民間企業が持つ顧客情報が完全に分離している間はよいが、それらが一旦結合されると、特定の人物について極めて具体的なプロフィールが作成されてしまう懸念もある。一つの監視システムが持つデータベースと、別の監視システムが持つデータベースが組み合わされることを広く「名寄せ」と呼べば、それこそが、今後の監視社会化において問題点となろう、強力な「個人同定」や「特定属性を持つ個人集団の同定」を可能とする仕掛けである。

更に本節の最後に、監視社会化の第三の基本的特徴として「意識的主体としての〈私〉の重要性の低下」を確認しておく。冒頭に触れたように、ドゥルーズは、私達は「規律社会」から離脱し「管理社会」へと突入しつつあると述べた。一般に規律社会の理論家として、ドゥルーズの盟友でもあった哲学者ミシェル・フーコーが挙げられるが、ここではフーコーが一八世紀末にベンサムの考案した「パノプティコン（一望監視装置）」を近代的秩序維持の決定的形象として提出した点が重要である。パノプティコンとは監獄の設計案のことで、それによれば監視塔の窓の覆いにより囚人側から看守の姿が不可視となる一方で、囚人を照射する照明や独房の半円状の配置により、囚人の全行動が看守側からは一目瞭然となる。このシステムのポイントは、生身の看守の姿が不必要となる点にある。つまり囚人達は、「監視されているかもしれない」という意識から、いつしか自発的に規範に則った言動を取るようになるのである。規律社会はこのように巧妙な空間設計により、自発的に社会規範に従う主体を形成し、それにより秩序維持を図ってきたとフーコーは言う。監獄・軍隊・学校・工場、これらの制度がそこに組み込まれる主体に「適切な感じ方・考え方・振舞い方」を内面化させるものだという事実を認識することは難しくはないだろう。逆に言えば、規律社会とは、「社会規範を内面化し、それに自発的に従う意識的主体としての〈私〉」を必要とする社会だということとなる[2]。

これに対し、「管理社会」の秩序維持は高度な情報通信技術と個人認証により行われると表現できよう。例えば囚人に位置情報を送信するＩＣタグと、その言動をリアルタイムでモニタリングする小型カメラを装着させれば、膨大な維持費をかけてまで囚人を一箇所に集めておく必要はない。現実にこの方向へ社会政策が進展するかはわからないが、可能性としては「意識的主体としての〈私〉」を経由せずとも、純粋に物理的・技術的手段のみで社会秩序の維持が可能となる[3]。更に、この様式での秩序維持は「既成秩序の動揺」を物理的力により低減させていくとも考えられる。例えば企業の特定空間への立ち入りを上層部の人間に限定するために、網膜・指紋認証等のバイオメトリクスを装備すれば、企業空間の秩序はより物理的に堅固となる。現に二〇〇五年四月に施行された「個人情報保護法」に違反せぬよう神経を尖らせている各企業は、社員による情報漏洩を恐れ、社員が使用するパソコンや企業内の物理的空間に対して、様々な形での「社員監視システム」を導入しつつある。結果として、管理職を含めた社員相互の信頼関係にではなく、「不信感と監視」にベースを置く形で企業秩序が維持されていく方向に進むことが予想されよう[4]。また、「自殺者に典型的な行動パターン認証システム」を駅プラットフォームの監視カメラに装備すると、「意識的主体としての〈私〉」を経由せずに自殺防止が可能となることも考えられる。監視社会化について、「人間を動物の如く管理する社会」と表現する論者もいることが、以上からも納得できるだろう[5]。

更にもう一点別の意味で、「意識的主体としての〈私〉」の重要性は低下する。ドゥルーズは分割不可能なものであるはずの個人が分割可能となり、人間集団はサンプルやデータバンクとなると予言した。無論私達が今後も「意識的主体としての〈私〉」として生きていくことは動かない。しかし、私達は今後ますます質・量ともに強い形で「データとしての自己」を持つようになるだろう。性別・年齢・住所・職業等の基本情報、監視カメラに撮られどこかに保存されている自分の映像、更には商品の購買情報、インターネットアクセスの履歴情報、私自身は意識できないが私自身を決定的に証明するものとしての指紋・虹彩情報等が、あたかも意識的主体としての私達個人の「影」のように蓄積されていくこととなる。その上で私達は、蓄積された情報をもとに自動的に特定の社会集団へと分類され、それに見合った待遇を受けていくこととなろう。例えば空港で、テロを起こす意志など全く持ち合わせておらずとも、その人間が不審なサイトを閲覧したことがあり、更には彼（彼女）がムスリムであった場合等には、「要チェック人物」へと分類されることなどがありうる[6]。また、現に実践している企業もあるが、電話やネットによる企業との接触の中で、購買履歴や職業からの推定収入等の情報をもとに自動的に特定ランクの顧客へと分類され、それに見合った待遇を受けることになるという事態もある。以上を踏まえ多少レトリカルに言えば、「意識的主体としての〈私〉」に対して、「データとしての〈私〉」が社会的には重視される時代へと、私達は入りつつある、こう表現できよう。

さて以上、監視社会化の三つの基本的特徴を概観した。次に、様々な監視システムの概要と現状の把握という課題に進もう。それを通し、本節で取り上げた諸論点に、より具体的なイメージが与えられることとなろう。

2　監視システムの概要と現状——映像・情報・身体を軸として

先述のように、私達が生き始めている監視社会は、監視主体と監視システムの複数性を特徴とする。監視システムは便宜的に映像・情報・身体のいずれを軸とするかにより分類されるが、それらの交錯・結合にこそ核心はある。それを踏まえた上で本節では、映像監視として監視カメラ及びNシステム、情報監視として住基ネット及び企業の個人情報利用、身体監視としてバイオメトリクスを取り上げ、ごく簡単ではあるがその概要と現状を整理する。

(1)　映像監視システム——監視カメラ及びNシステム

監視カメラ設置についての有名な事例としては、大阪市西成区釜ヶ崎で、大阪府警西成署が一九六六年から一九八三年までの間に一六台のカメラを設置し、そこに住む日雇い労働者を監視してきたというものがある。この事例は法廷闘争も展開され、警察側は「犯罪の多発性」を監視カメラ設置の正当性として主張した。一九九四年の警察法改正以降、警察庁刑事局保安部が生活安全局へと独立・格上げされた頃から諸々の監視カメラ（及びNシステム）設置が進展してきたと言われるが、特に世間の注目を集めたケースとして、二〇〇二年二月新宿歌舞伎町への五〇台のカメラの設置があろう。[7]二〇〇一年の9・11テロに端を発する「セキュリティ志向」の向上の中、二〇〇二年のサッカー・ワールドカップ開催に合わせ「フーリガン対策」の名目でカメラを設置する商店街が現れたが[8]、現在も全国津々浦々の商店街が積極的に監視カメラ設置を進めている[9]。首都圏の代表的事例としては、現在、東京メトロの全一六八駅に約二〇〇〇台のカメラが設置されており[10]、〇四年三月からは渋谷(宇田川地区)で一〇台、池袋西口で二〇台のカメラが稼動している。撮影された映像は所轄警察署と警視庁本部に送信され、二四時間体制でモニタリング、録画保存されているという。

監視カメラについては、〇三年七月の長崎県幼児殺害事件の容疑者逮捕に際しカメラ映像が決定的証拠となった件も記憶に新しい。しかしセンセーショナルにメディアが喧伝する事例以外の総体を考慮した場合、監視カメラ設置の効果がいかほどのものなのか、論者により議論は分かれ、実証的研究も蓄積が少ないのが現状である。この「カメラ設置の防犯上の有効性」の問題には、諸利害関係者(警察・セキュリティ産業・監視カメラ設置反対運動団体など)間での評価のズレ、強く言えば政治的・経済的利害対立をいかに調停するかという問題が絡んでいる。また、カメラを設置するのは警察や自治体、民間商店街であるが、その設置基準や運用基準が未だ不明瞭なままである点も問題である[11]。少なくとも、肖像権やプライバシー権侵害の問題への解答を先送りしつつ、日本社会全体に膨大な数のカメラが済し崩し的に増殖しつつある状況は、憂慮すべきものだと言わざるをえないのは確かであろう[12]。一つの社会問題としての議論の場の立ち上げが急務である。

映像監視システムとしてはNシステム＝「自動車ナンバー自動読み取りシステム」も重要である。

警視庁が一九八六年から全国配備し始めたもので、路上を跨いだ支柱の上から、下を通過する車のフロント部を撮影し、撮影したナンバープレートを警察本部へと転送、そこであらかじめファイルされている手配車両ナンバーと照合するというシステムである。関東七都県に全体の四〇パーセント超が配備されているが、岩国や呉など在日米軍・自衛隊基地の近くや原子力発電所に向かう道路にも重点的に配備されていると言われる。一九九四年の「つくば市医師妻子殺害事件」や一九九五年のオウム真理教事件など、犯罪捜査に役立ってきたとみなされる反面、監視カメラと同様に、そもそも国民の肖像権・プライバシー権、「移動の自由」の権利の侵害ではないのかという問題は解決されていない。また、警察による運用基準が公表されていない点も憂慮されている。更に、「破防法」反対集会に参加した大学生の自動車での行動履歴が追跡されていたという報告もあり[13]、警察が掲げる「盗難車両発見」・「犯罪捜査」という目的は表向きのものに過ぎず、実際には公安警察の情報収集に使用されているのではないかとの疑念も提出されている[14]。

(2) 情報監視システム——住基ネット及び企業による個人情報利用

住基ネットとは、一九九九年の住民基本台帳法改正により導入されたシステムである。国民一人一人に番号を振り、氏名・性別・生年月日・住所の四基本情報とそれらの変更履歴を、全国の都道府県及び総務省の外郭団体の財団法人地方自治情報センターとを結ぶコンピュータ・ネットワークで全国的・一元的に管理しようとするもので、〇二年八月にスタートした。また〇三年八月からは希望者に

ＩＣチップ内蔵のカード（住基カード）も交付され、本格稼動した。住基ネットに対しては当初から安全性や有用性について様々な批判が噴出していたが、総務省が〇四年三月末の住基カード交付枚数として三〇〇万枚を予想していたのに対し、〇五年三月末現在、約五四万枚に留まっているのが実状である。この事実を受け、総務省側は行政の効率化（人員削減等）にとり住基ネットは不可欠であり、住基カードの利便性を周知させることで対処したいとしているが、他方反対派からは、ＩＴ社会への参加を一方的に国民に押し付けるべきではないとする原理的次元における反論や、そもそも導入後三年でどれほど行政効率がアップしたかについての明瞭な報告がなされていないなどの反論が提起されている[15]。

また注目すべきは、住基ネットからの個人情報削除を求めるいわゆる「住基ネット訴訟」が各地で展開されている中、〇五年五月三〇日に金沢地裁で個人情報削除請求を認める判決が、ひるがえり翌三一日には名古屋地裁で請求却下という正反対の判決が立て続けに下されたことである。「自己情報コントロール権」を巡る司法判断の動揺については今後の動きを注視する必要があろう。

現時点で早急に改善されるべきは、住民基本台帳の閲覧を認めていることそのものである。今年（二〇〇五年）、名古屋市の住民基本台帳を区役所で閲覧し、母子家庭など親が一人しかいない女子小中学生二〇人の住所を調べ暴行に及んでいたとして無職の男が強姦到傷罪に問われるという事件が発生している[16]。また、そもそも住民基本台帳の閲覧者は主に大量に個人情報を取得する必要がある名簿業者やマーケティング業者だと言われており、閲覧目的の制限などが検討されねばならないだろう。

更にもう一つ、現時点で確認しておくべきは、政府所有の情報と民間所有の情報の結合こそが重大な問題を喚起する点である。例えばスウェーデンのＰＩＮ（Personal Identification Numbers）システム（婚姻関係・課税所得・保有不動産に至る個人情報が含まれる）は民間への情報提供を認めているため、保険会社等が大量の個人データを収集しダイレクトメール送付等に使用しているという。この制度の下、ＰＩＮの番号が生涯不変であるため、他人の居所が容易に探索可能であり、暴力的な夫が、再婚し姓が変わった妻の所在を突き止め妻の方が国外逃亡を余儀なくされたという事例も報告されている[17]。

さて、政府・自治体のみならず多くの企業が膨大な個人情報を収集し利用していることは周知のことだが、最近とみに個人情報漏洩の問題が浮上している。合衆国のクレジットカード会社の持つ顧客情報が大量に漏洩しカードの不正利用に繋がっている事件や、インターネット上の仮想商店街「楽天市場」の顧客情報が大量に、かつ顧客が注文した商品の詳細に至るまでの細かさで漏洩している事件が耳に新しい。また、個人情報保護法施行後の三ヶ月（二〇〇五年四月〜七月）のみに限っても、一二〇件の情報漏洩事件が生じたと言われている[18]。個人に金銭的・精神的被害をもたらすような事態に繋がる個人情報の漏洩を防ぐために適切なシステムを構築することは各事業者の責務であり、この点についての責任追及は断固なされるべきであろう。ただし本稿においては、そもそもなぜ企業が個人情報を収集し利用しようとするのかについて強調し銘記しておこう。

一九八〇年代後半の合衆国で理論化され浸透した発想として「ダイレクト・マーケティング」がある。この発想は、大衆を画一的市場とみなし製品情報を無差別に広告する従来式のマーケティングに限界を見出し、それに代わり顧客一人一人により密着したきめの細かいマーケティングを展開するものである。この発想に基づくマーケティングは日本のビジネス界でも今や常識化している。年齢・性別・家族構成は勿論、クレジットカード購買履歴や職業からの推定収入をもとに、ターゲットとした人間に対しなるべく無駄なくアプローチをかけていく手法である。ダイレクトメールや電話による勧誘などは特に新しいデジタル情報通信技術を駆使するものではないが、それらの技術が中枢的役割を果たすこととなる今後の監視社会に特有の現象として、携帯電話等の移動通信サービスをマーケティングに利用する、モバイル電子商取引市場の拡大が期待されている点に注目しておこう。平成一七年度版情報通信白書（二〇〇五年六月）によれば、現在パソコンを対象とした電子商取引を「実施している」企業は二八・九％なのに対し、携帯電話を対象とした電子商取引を「実施している」企業は九・一％に留まってはいる。しかし電子商取引の「実施を予定又は検討している」について見てみると、パソコンを対象とする企業が一八・三％なのに対し携帯電話を対象とする企業が二五・六％と上回っている。今後、携帯電話を通した電子商取引市場が拡大していくことは明らかであろう。このビジネスモデルの第一のメリットは、携帯電話からの位置情報を手懸りに、企業側は顧客の嗜好情報・購買履歴情報をもとに、顧客に対し適切な場所・タイミングにおいてピンポイントで販売アプローチをかけることが可能となる点である[19]。これを端的に「欲望の誘導」と表現してもよいだろう。日本政府も大々的に喧伝している、ユビキタス環境の整備に大きく期待する論者達はこの方向性に賛同しているのに対し、個人情報をもとに自分自身の欲望までもが管理・誘導されることに対し違和感を表明する論者も存在するのが現状と言えよう。

(3)　身体監視システム——バイオメトリクス

バイオメトリクスとは、個々の人間の生体的特徴を読み取ることで個人を特定する技術のことで、個人の安全を脅かす危険の付きまとうネットワーク社会の円滑な運営に不可欠のものとされている。具体的には、指紋や声紋の他に、目の虹彩・網膜・耳の形・掌の形・顔・署名のクセ（筆跡・筆順・筆圧・スピード・ペンの動き等）を利用する装置が開発されている。海外における印象深い事例だが、イスラエル国内で働くパレスチナ人労働者は、毎日ガザ地区からの国境線を通る度にスキャナーに手をかざし照合用のＩＣカードの提示を求められるという。各人に固有の掌紋手形がイスラエル国内での労働資格の有無を判定すると同時に、彼らが終業後にガザ地区へ帰宅したことの証拠としても利用されるということである[20]。日本国内でも、徐々にバイオメトリクスを社員や関係者の入室管理に使用する企業・研究所が現れているのと同時に、極めて日常的な場面においてもバイオメトリクス認証が普及していきつつある。例えば〇四年一〇月から「手のひら静脈認証機能付ＩＣカード」の発行を進めてきた東京三菱銀行では、〇五年六月現在有人の支店の全ＡＴＭでこのＩＣカードが使用可能となっており、日本郵政公社も〇六年一〇月から「指静脈認証」の導入を決定している[21]。また、外務省は生体情報として顔画像を導入した「ＩＣ旅券」を〇六年以降発行することを決定している[22]。付け加えて言えば、バイオメトリクス関連の市場規模に関して一〇年には〇四年の約四倍、四〇九億円に拡大するとの予測がある。この拡大を推進するのは指紋認証機能付携帯電話の普及と見られており、〇四年の二四〇〇万台から一〇年の一、九〇〇〇万台への増加が予想されている[23]。

このように、９・11テロ以降、日本でも広まった「セキュリティ」重視の社会風潮の中、バイオメトリクス導入への動きも加速しており、導入主体が政府や企業などであることからも、私達各個人は否応なしにこの流れに乗らされているというのが現状であろう。また、バイオメトリクス認証の「運用」上の諸問題は提起されているが、その「技術そのもの」の本質についての批判的考察は手薄いように思われる。無論バイオメトリクスが一方で私達各個人にとって「安心・便利」をもたらすものであることは踏まえた上で、各個人が可能性としては完璧に近い確率で同定され続ける社会が全く問題を含まないのかという点を、いま少し想像力を働かせ考えてみる必要もあるかもしれない。

以上、現在進行しつつある「監視社会」の中枢をなす幾つかの監視システムの概要と現状をごくかいつまんで確認した。第一節で提出した監視社会の基本的特徴について、より具体的イメージが獲得されたはずである。次に、本稿なりの視点から諸監視システムの社会への浸透の含意を掘り下げよう。諸論者による価値判断や処方箋を踏まえつつ、進むべき理論的・実践的方向性の見通しを得たい。

3　諸監視システムの社会への浸透の含意、及び進むべき方向性の検討

諸監視システムの社会への浸透は、便利さや効率性というポジティブな効果をもたらすと同時に、

個人情報の漏洩等のネガティヴな効果をもたらす。問題は両者が一枚のコインの表と裏のように切り離せないことである。様々な人々がそれぞれの利害関心の下、監視社会化に関する価値判断を下し、それらが錯綜しているのが現状である。そこで本節では、様々な論者の価値判断や主張を踏まえつつ、なるべく広い視点から諸監視システムの社会への浸透の含意を掘り下げるために、およそ人間の経験にとって根本的な二つの概念対、「時間と空間」及び「自由と平等」を軸に検討を進めよう。この二つの概念対は、あくまで限界つきではあるが、「個人に焦点を合わせ考察可能なもの」と「人間集団・人間関係に焦点を合わせ考察すべきもの」という視点から、「自由と時間」・「平等と空間」と組み直されうる。この組み合わせを念頭に置き、以下、「自由・時間・平等・空間」という順序で考察を加える。

(1) 「自由」を巡る問題

様々な監視システムの浸透はいかに私達の自由に影響を及ぼしているだろうか。先述のように、日本では肖像権やプライバシー権との兼ね合いの下で監視カメラ等の導入を検討する社会風潮が希薄だが、諸外国の情勢を見ると権利論的次元での議論が提出されている。監視社会論の先駆的研究者であるデイヴィッド・ライアン氏によると、合衆国では消費者団体や個人が「個人情報の商業利用に対する財産権」構想を推進している。それに従えば、個人情報はデータ対象者の許可無しには利用も公開もされない。個人データの交換・売買には使用料が課せられ、その過程をデータ権利局が監督するとされる[24]。監視に対し「財産権としてのプライバシー権」で対抗しようとするこの種の実践の持ちうる意義と射程に関しては今後の動きを注視する必要があり本章で判断を下すことはできない[25]。ここでは、そもそも自分の姿の映像・住所や性別等の情報・身体特徴が「収集・管理・利用」されることのどこが根本的に問題かと問うてみよう。無論、明らかな犯罪行為（「なりすまし」によるクレジットカードの不正使用等）へ繋がりうる個人情報漏洩は大問題である。しかしむしろ現在の監視社会化とは、個人の同一性を更に強固に同定できるようになる方向に進んでおり、この類の犯罪を抑制するものである。監視カメラで街頭犯罪は低下し、住基ネットで行政手続は効率化し、企業からは自分（の趣味嗜好や経済力）に見合った広告が届き、私と同一の指紋や虹彩を持つ者はいないのだから、誰も私になりすまして罪を犯したり、私こそが行使できる特権を奪ったりできない。こう考えると、監視社会化とは私達の「利便性としての自由」を拡大するものでこそあれ、特に懸念すべき事柄などもたらさないもののようにも見える。時に耳にする、「何か自分にやましいことがある人間こそ監視社会化を問題と感じるのではないか」という議論はこのような想定に根を持つと言えるだろう。しかしこう主張する人間に対しては、何がやましいことかを決定する主体はあなたではない、と諭《さと》さねばなるまい。例えば合衆国のＣＡＴＩＣ（California Anti-Terrorism Information Center）は労働者のストや反グローバリズム運動等を全て「テロリズム」と一括し監視しているという。つまり自分では真っ当な社会批判運動に参与しているつもりでも、別の利害関心と情報収集能力を持つ主体からは、不当なレッテルを貼られた上で要注意人物としてマークされる可能性がある。懸念すべきは、監視主体が己の利害関心に基づいて恣意的に監視対象をカテゴリー化し選別する動きが野放図に展開される方向へ社会が進んでしまうと、何らかの社会問題に対し積極的に発言しようとする意図を人々が持ちにくくなる可能性が高まることである。標語的に言えば、監視社会化が与える「利便性としての自由」は、それと引き換えに「社会秩序の批判・変革への意志」の発動を弱体化させる可能性を秘めている。自分が完全に匿名状態にあるとの確信を前提として初めて可能となる言説や行動は確かに存在するのであり、監視社会化はそのような言説や行動にダメージを与えるのである。これらの点にも関係して、本章で検討する余裕はないが、「匿名性の自由」という新たな考え方に根ざす「ネットワークに接続されない権利」（個人情報を奪われない権利、匿名のまま公共空間にアクセスする権利）を擁護する主張が東浩紀氏により既になされており、氏自身が語るように、具体的場面においてこれらの議論を詰めていくことが今後必要だろう[26]。本章では舌足らずながら、上述の「財産権としてのプライバシー権」に典型的なように自由概念は個人ベースの問題だと考えられがちだが、やはりそうではなく社会全体の在り様と深く関係するものである点を改めて強調しておく。

(2)「時間」を巡る問題

次に「時間」の問題について検討する。あらかじめ端的に言えば、監視実践が基本的に狙っているのは「予測不可能な未来の消滅」、或いは「予測可能な未来＝現在への、予測不可能な未来の還元」である、こう表現できるだろう。更に、今やある種の監視は「私達が選択すべき未来」をも与えようとしつつあると言えそうである。

まず、先にも触れたが、監視カメラやNシステムにより犯罪発生率がどれほど低下しているのかについては議論の余地があるにせよ、政府や自治体、民間商店街等が望んでいるのは「セキュリティの確保」、「予見できない危険性の回避」であることは動かない。「セキュリティの確保」への執念は、究極的にはSF作家P・K・ディック原作でS・スピルバーグ監督により二〇〇二年に映画化された『マイノリティ・レポート』の世界にその理想像を見出すことができよう。その世界では、「未来予知者」の見る夢を利用し、犯罪者を、実際に犯罪を起こす以前に逮捕するシステムが作動している。これはあくまでもSFに過ぎないが、監視カメラに顔認識システムを接続し、前科があるなど特定の属性を持つ人間のみを洗い出し念入りに監視するという、「効率的犯罪防止」は既に実践されている。例えば二〇〇一年、フロリダ州で開催された「スーパーボウル」のスタジアムの回転ゲートに設置された監視カメラが、告知無しに観客一〇万人全員の顔をスキャンし、犯罪者の顔画像と照合された。結果として前科を持つ人間一九人が発見されたという[27]。監視者は、過去の履歴に鑑み「～しそうな人間（犯罪を起こしそうな人間）」を選別し、監視する。当然といえば当然だがこの時、監視者は「過去の似姿としての未来」にのみ注目する[28]。

さて、ある人間がいかなる履歴を持っているにせよ、その人間がどのような行動に出るかの完全予測は原理的に不可能であるのに対し、ある人間の属す経済的・社会的集団とその趣味嗜好に関する情報が詳細に知られるほど、その人間が「いかなる消費欲望を持つか」の予測がたやすくなるのは確かだろう。いわば、その人間が「過去に何を買ったか、（過去との連続線上で）今何者であるか（高額納税者等)」をベースに未来が予測されるのであり、この原則がダイレクト・マーケティングを支えている。例えば合衆国には(郵便番号や住所と個人の経済的・社会的データをリンクさせる)「ジオコーディング技術」により様々な地域を数十タイプに分類し、それらに「貴族」や「公的援助」等の名前をつけ「効率的マーケティング」を展開する企業がある。また既に同様のマーケティングを日本企業も行っており、特定地域内の顧客情報や見込める需要を地図上に反映させるソフト等も商品化されている。

企業のこれらのマーケティング実践にいかなる感情を抱くかは各個人により千差万別であろう。一方で、ドゥルーズは「今やマーケティングが社会管理の道具となり破廉恥な支配者層を生み出す」と明らかに否定的な言明を遺《のこ》しており、また、「我々の個人情報、プライバシーと言われるものに民間企業がここまで価値を見出し、その営利目的の為に評価している現実への率直な驚き。個人の全人格が単なる市場としてのみ見なされていることに対する生理的嫌悪感」、とジャーナリストの斎藤貴男氏は語る[29]。他方でマーケティング実践を下支えする或る名簿業者はこう言う。「大体マーケティングの世界では〈個人情報〉といっても実は〈個人〉にはあまり興味がないんです。つまりあなたがどういう人か、普段の素行はどうか、ご近所の評判はどうか・・我々が知りたいのはそんなことではなくて、まず、〈この地域に住んでいる人〉が欲しい。で、次に〈男性〉が欲しい。次に、〈高額属性の人〉が欲しい。そのようにどんどん絞り込んでたどり着いた、この最後の情報が欲しい。そこに記載されている〈名前と住所と電話番号〉は単なる記号なんです。」[30]このように、求められているのはあくまでも「顧客」となる可能性の高い「属性」のみなのだと名簿業者は強調し、マーケティングに対しドゥルーズや斎藤氏が持つような否定的感情など持ち合わせていない。

以上のような、いわば「企業の狡知」に関する価値判断の対立への評価を本稿がここで下す必要はあるまい。実際、大方の人間は、どちらの態度もそれなりに理解できるというのが正直なところではないだろうか。つまり、自分自身が「顧客であるに」足るに相応《ふさわ》しい属性を持つか否かという唯一の視点から選別されている事態に対し斎藤氏のような違和感を持たないこともないが、他方で現実に今、この類のマーケティング実践が成熟した資本主義経済を動かしている側面も否定できないように思う、これが平均的な感想ではないだろうか。

さて、マーケティング実践の存在自体の是非の問題は措《お》くとして、いずれにせよ理解しておきたいのは、ここにおいてもやはり「過去の似姿として」未来が予想されている点、また実はそれが、極めて限定的仕方ではあるが「過去の似姿としての未来」を人に与えることにもなる点である。各業者は「あの商品を買ったあなただからこそ（或いは高額所得者であるあなただからこそ）、選ぶべき未来（＝商品）」を私達に提供してくる。そして更に理解すべきは、今後の監視社会化の中で、この「未来付与」が万人に対し様々な場面できめ細かくなされてくると予想されることである。

例えば大手オンライン書店 Amazon のサイトだが、そこを訪問すると私個人のこれまでの購買履歴や、私と同じ本を買った人物が他に買った本などのデータベースをもとに、私個人に向けた「お奨め書籍リスト」が提示されてくる。このシステムこそ、ささやかな仕方ではあるが、「選ぶべき未来」を私に与えてくるものの一例である。また、今後整備されるだろうユビキタス環境下においては、まさにピンポイントのタイミングと場所を狙って、モバイル機器を通じ飲食店をはじめとする様々なショップへの誘導が施されていくことになるだろう。私達が今後、消費者として「選ぶべき未来」を日常生活で繰り返し提示されつつ生きていくことは疑いを入れない。

ではこの「未来付与」という事態をどう考えるべきか。まず確認しておくべきは、私達はその事態に慣れていきつつあるという点である。Amazonのシステムについてもこれまでに、「機械が私の欲望を言い当てようとすること自体が嫌だ」という違和感もあれば、更に一歩進み「私の欲望が実際に機械に言い当てられてしまったことが嫌だ」という違和感もあったであろう。しかしやはり、そのシステムに私達が慣れていきつつあるのは現実であるし、時にはAmazonから思いもよらぬ「お奨め書籍」を提示され、それを選択することで自分自身にとって極めて有益な事態がもたらされたということもありうるはずである。機械が計算して提示する「選ぶべき未来」が、「思いもよらなかった良い未来」を開く可能性は、大いにありうる。

注意すべきは、一人の人間に対する「未来付与」の影響のみを考えるのみでは不十分だという点である。「自由」概念を検討した前節においても示唆したが、一見個人ベースで思考されがちな概念も、やはり人間集団全体を見通した上で思考されねばならない。そこでむしろ問題は、各個人の在り様を「未来付与」システムがどう変容させるかではなく、そのシステムが社会に浸透した際に人間集団全体に何が生じるか、ここにあると考えるべきだろう[31]。それぞれの人間に対して付与される未来は同じものではない。この点に注目すべきである。これは言い換えれば、問題の中心は、監視カメラによる人間の選別の事例も含め、政府や企業が各個人に施す「待遇の差別化」にあるということである。「平等」概念を軸に、節を改めて検討しよう。

(3)「平等」を巡る問題

何を平等と呼び何を不平等と呼ぶか、この判断と決定にこそ政治的実践の要があると表現することもできよう。監視システムの社会への浸透につれ様々な形で平等・不平等を巡る問題が生じつつあり、今後も増加するはずである。本稿は無論それらの問題に解答を与えうるわけではなく、幾つかの問題提起のみを行なう。

監視社会批判を精力的に展開している小倉利丸氏は、「監視の制度と技術は多様だが、その目的は……誰が仲間であり誰がよそ者なのか、誰を排除し誰を受け入れるかを決めること」だと言い[32]、「路上に設置される監視カメラ、私的空間のセキュリティの為の監視カメラは、明らかに資本主義の階級・差別の構造と不可分である」と述べる[33]。この言葉を手懸りに私達なりに進めよう。

特に小倉氏の二つ目の言葉にある「監視カメラ」を「監視実践全体」と捉え直し、それが「資本主義の階級・差別の構造」と不可分だとされる意味を考えてみよう。「資本主義の階級・差別の構造」という言葉を聞き即座に連想される監視実践は、商業活動における顧客としての待遇の格差である。先にも触れたが、個人の購買履歴や推定年収をベースとしたダイレクト・マーケティングを行っている企業の中には、例えば顧客が企業に電話をかけてきた場合、優先的に「収益性の高い顧客」に対応し

「それ以外の顧客」は後回しにするところがあるという。無論「それ以外の顧客」は、自分と他人との待遇の格差の原因はもとより、異なる待遇を受けていることすら気づかない。或いは、某高級ブランド店の中には、個人情報データベースと顔認証システムを組み合わせ、顧客の店内移動に合わせディスプレイ上に「ふさわしい」商品を映像表示するという試みを構想しているところもあるという。ここに至っては、顧客同士が「同一の店舗空間」を経験しているとも言い難い状況だとも言えるかもしれない。

これらの事例（特に後者の事例）に対し私達が何らかの違和感を持つのは確かではないだろうか。ここで私達は「待遇格差が不平等だ」と呟《つぶや》きたくなる。しかしそう呟くだけでは不十分だろう。上記の事例は、以下の諸論点を示唆していると考えられるべきものである。即ち、①「監視実践の一契機である〈監視対象の選別〉が資本主義の階層構造を反映している」、②その上でなされる監視が「格差の不可視化」及び「社会空間の分断」をもたらしている。これらが上記の事例から抽出されることは比較的容易に看取できるはずである。その上で、更に理解を深めよう。

まず①については、二方向の「選別」が現在進められつつある点を理解せねばならない。一方は、先に挙げた、日本で最初に監視カメラが設置されたのがいわゆる日雇い労働者の街だったという事実に象徴されるように、「貧しい」・「治安が悪い（或いは単に悪そう）」という先行イメージに基づいた対象の選別である。恐らく今後、監視カメラとバイオメトリクスを組み合わせた監視システムにおいて、前科のある人間や、特定の人種・職業・行動履歴のある人間が集中的に監視対象として選別されていく可能性があることは否定できない。もう一方はこれとは逆ベクトルとも言えるが、「ゲーテッド・コミュニティ」という形での「安全区域」の「選別・囲いこみ」である。合衆国の事例として次のようなものがある。「住宅地は〈高さ二フィートの鉄条網をその上に張り巡らせた六フィートのブロック塀〉に囲まれており、三〇〇人以上の私設警備員が敷地内を巡回している。他の住宅地、特に著しい金持ち向けの隠れ家のような安全警護団地では、レーザーセンサー、車止めつき警備門、電子施錠、テレビモニターによる高度な警戒システム、コンピュータに繋がった自動警報装置による精巧なシステムが備えられている。」[34]ブレークリー&スナイダーの推定によると、既に一九九〇年代末の時点で、約二万ヶ所存在するゲーテッド・コミュニティに八〇〇万を超える米国人が居住していた。

また、日本においては未だこれほどの数字には達していないが、「タウンセキュリティ」や「セキュリティタウン」という触れ込みで売り出す住宅地は登場しつつある。いずれにせよ注意すべきは、二方向に展開されつつあるこれらの監視実践が共に、資本主義社会の既に成立している階層構造を反映し強化する方向性に進む可能性を秘めていることであろう。

さて、このゲーテッド・コミュニティの事例が実は、②の論点、つまり先述の「企業の電話応対における待遇の格差」や「店内ディスプレイの格差」が示唆する「格差の不可視化」や「社会空間の分断」をより大規模な形で実現するものだということは、容易に理解できるだろう。合衆国と日本においては状況は異なるだろうが、ブレークリー&スナイダーがゲーテッド・コミュニティの普及による「社会空間の分断」について表明している懸念を参照しておこう。「ゲートと警備所により住宅を護り物理的に所有することは、より広いレベルでのコミュニティ建設と矛盾している。……ゲーテッド・コミュニティの境界は、内側を向いたままコミュニティが分割されて設定され固められている境界線を象徴している。また社会の他の人たちを求めることは少なくなりつつあり接触を妨げる壁が蔓延しつつある。」[35]一本の電話や一軒の商業店舗というミクロレベルの現象から、集合住宅や団地というマクロレベルの現象までが共振する形で、資本主義社会の階層構造を空間的に反映し強化する方向性へと私達の社会が向かっている、これは少なくとも大きなイメージとしては妥当なものではないだろうか。

さてしかし以上を踏まえた上で、実は上記の諸事例のうちどの事例を、また何を根拠に「不平等」と称すべきか実は判然としないとも言えるのではないか。勿論上記の諸事例は、「格差」の固定化をもたらすものであることは確かではある。しかしそれを即「不平等」と糾弾することができるだろうか。収益可能性を考慮した上での、各顧客に対する「電話応対」や「店内ディスプレイ」の格差付けの事例を「不平等」と称すべきか否か、そうであるとすればその根拠は何か、これらへの解答は実は判然としない。確かに、そのようなことをなす権利を持つことすら疑わしいある種の人間達が、特定の人々を自らの独断に基づき監視対象とすることが非難されるべきであるのは解り易い。だが他方で、セキュリティを重視する高所得層・中所得層の人間達が、安全に閉ざされた居住空間を集団的に確保することが、いかなる意味で誰にとって「不平等」なのか、明瞭には言い難いのではないか。「社会空間の分断」という批判軸は、「より寛容で大きな理想的コミュニティ」の追求などの価値観を前提する者達の間では有効であろう。しかし別の視点からは、それは「不平等」とはあくまで別次元の話だとも言いうるのではないだろうか。以下、別の角度から「空間」概念を参照することで、「監視実践」と「不平等」との問題について私達なりに検討しよう。

(4)「空間」を巡る問題

本項では、「監視実践」と「不平等」との関係の問題について、「公共空間の変容」に深く関わる一つの事例を取り上げて若干の考察を加えよう。その事例とは、世界各国が推進中で日本政府・国土交通省も現在進めているＩＴＳ（Intelligent Transport Systems）計画である。この計画は、情報通信技術により走行中の自動車と道路とを緊密に結び、交通安全確保や渋滞緩和、ナビゲーションの高度化などを目指すものである。国土交通省によれば、先進のエレクトロニクス技術を搭載したＡＳＶ（先進安全自動車）が完全に普及すると、年間の死亡事故・重症事故の約四割が削減されるという[36]。

さて、ＩＴＳ計画推進者が提示する諸メリットは魅力的なものではあるが、逆に様々な問題点を喚起することが予想される重要なポイントの一つとして、この計画が実現すると自動車の動きが「点」ではなく「線」で把握されるようになることが挙げられよう。先に触れたＮシステム以上に、このシステム導入後、私達は自らの移動情報を発信しつつ移動することになることが予想される。よってそこでもまた、「移動履歴の収集」に関わる問題が発生するだろう。また、各自動車の移動履歴情報の収集が可能になると、危険な箇所を多く走る自動車の保険料率を高めに設定するなどの振舞いが保険会社に可能となる。ここでも先に触れた「待遇の格差」を巡る問題が発生するだろう。

更に、「空間」の変容という視点からは、このシステムにより道路混雑状況が正確に把握できるようになる点に注目すべきである。諸外国に目を向ければ、既にシンガポールやロンドンなどでは「ロード・プライシング（Road Pricing）」にこのシステムを利用し、渋滞緩和が実現されていると報告されている。例えば二〇〇三年二月よりロンドン中心部に乗り入れる自動車に対し混雑課金（一日五ポンド＝一〇〇〇円）が課されているが、これにより課金区域内の混雑は平均三〇％減少したとの報告がある[37]。また東京都も渋滞緩和や大気汚染の改善を目的に、ロード・プライシングの導入を検討中である。

さて、メリットのみが目立ちやすいロード・プライシングも実は問題点を抱えている。Graham & Wood によると、合衆国・サンディエゴの高速道路においては、混雑レベルをモニタリングする装置が自動的にリアルタイムでの「道路価格」を表示し、いわば「道路に関する需要と供給の調節」を行っているという。また香港当局は、シンガポールのロード・プライシング・システムに慣れたことで、暑い気候の中、混雑区域で車を降り会議室まで歩くことを拒否するに至った諸企業のＣＥＯ達のロビー活動の結果、中心区域でのロード・プライシングを検討しているという[38]。

このサンディエゴや香港の事例から何を考えるべきだろうか。各国により道路事情は異なっており、今後日本政府がいかなる道路政策を推進していくかは未定ではある。しかし、少なくともこれらの事例が、標語的に言うと「私的所有の論理による公共空間の侵食」の問題を示唆している点は銘記しておくべきではないだろうか。かつてはあらゆる人間の使用に一律に開かれていた空間、いささか強い表現を用いれば「公共性」に開かれていた空間が、監視システムの浸透により容易に「私的所有の論理の通用する空間」へと変容する可能性を秘めることをこれらの事例は示していないだろうか。Graham & Wood の表現を借りれば、これまでは「金はあるが時間が無い人間（cash-rich/time-poor users）」も、「金は無いが時間はある人間（cash-poor/time-rich users）」も、等しく渋滞に巻き込まれてきた。換言すれば、「公共空間」においては等しい待遇を受けてきた。それに対し監視システムの浸透後は、かつての「公共空間」が「私的所有の論理の通用する空間」へと変貌し、前者（「金はあるが時間が無い人間」）のみが、そこにおいて「更なる速度・効率性・快適さ」を「購入する」こととなる、こう表現できるだろう。事態をこのように捉えてみれば、今後私達が注視すべきプロセスは、どれほどの力で、どれほどの空間を、監視システムの浸透を通して「私的所有の論理」が侵食していくか、ということになるのではないか。

「監視実践」と「不平等」という視点からはこれらの事態をどう捉えるべきだろうか。「私的所有の論理」が通用する空間が拡大していくということは、「私的所有の論理」において力を持つ者が優遇される空間が拡大していくということである。ここで想起すべきは、先に挙げた「商業施設における待遇の格差」を不平等と称すべきか判然としないという論点である。考えてみると、それは既に「商業施設」という空間においては「私的所有の論理」が通用することが多くの人間にとって承認済みであるからではないだろうか。そこにおいては「私的所有の論理」に基づく格差は「不平等」と呼ばれる必要はない、こう言ってしまえる側面が確かにあるだろう。しかし考えるべきは、今問題となっているのは、「どの空間に〈私的所有の論理〉を適用するか」であることである。言い換えれば、問題の所在は一つメタの次元へと移行している。つまり、問題は、「既に〈私的所有の論理が通用する〉ことが認められた空間における待遇格差を不平等と称すべきか」ではない。「〈私的所有の論理が通用する空間〉として何を認めるか、何を認めないか」こそがここでの問題なのである。

こう考えると、一般へと広く開かれた議論を経ずに、特定の利害関係者の思惑に沿う形で時に済し崩し的に、監視技術を導入することで特定の空間を「私的所有の論理の通用する空間」へと変貌させる行為の中にこそ、「監視実践」と「不平等」との繋がりを看取すべきだろう。先述のロード・プライシングを検討する香港当局の振舞いなどは、この視点から批判されることとなるだろう。様々な監視実践は様々な利害関係者の思惑の中でその作動様態が決定されていく故に、結果的に「私的所有の論理」の適用が望ましいとの判断がなされる場合もあるだろう。しかしながら少なくとも、「私的所有の論理の通用する空間」の拡張をもたらすような各種監視実践の導入に関して、可能な限り徹底した議論が必要なことは疑いを入れない。

4　結論にかえて

以上をもって、本章が冒頭で掲げた課題は全て果たされた。今後進むべき方向性の提出に関してはいささか舌足らずな感が否めない。しかしそもそも本章が、ドゥルーズによる「管理社会」への危機感をいかに継承するかという、長期戦を余儀なくされる問題に関する準備的作業でもあった点を鑑みれば、小さくはあるが第一歩を踏み出すことはできたと、満足しよう。先に、現在の監視社会化の基本的特徴の一つとして監視主体の複数性を強調したが、やはり政府と企業が特権的に有力な監視主体であるのもまた事実である。それらが背後に持つ、或いは将来的に持ちうるかもしれぬ利害関心にまで想像力を働かせ批判の矢を放つ為に、具体的に誕生しつつある監視技術の詳細や法律の条文の中身にまで、注意を払っていく必要があるだろう。来たるべき社会の形を、「統治の効率性」と「利益獲得の効率性」の最大化という、唯一にして単純な基準によってのみ決定されることは、回避されねばならない。

【注】

1　監視の起源と歴史についての更に詳細な議論は、小倉　二〇〇五、第2章1、ライアン　二〇〇四、第1章、三六-四〇頁、を参照されたい。

2　ここでのまとめ方がフーコーの理論的営為全体を捉えるわけではない、特定の論点にのみ注目したものだという点を忘却してはなるまい。「フーコーは規律社会とは私達がそこから脱却しようとしている社会であり、規律社会は最早私達とは無縁だということを述べた先駆者の一人です」というドゥルーズの言葉を受け、岡野裕一朗氏はフーコーにおける「規律権力」と「生権力」との関係について検討を加えている（岡野　二〇〇五、第1章）。

3　既に三年前の二〇〇二年七月には、合衆国の一企業が刑務所内の各種暴力を低減するのに有効な受刑者追跡システム「ＰＲＩＳＭ」を公開している。以下のサイトを参照。http://hotwired.goo.ne.jp/news/technology/story/20020723306.html

4　各社員のメール監視は言うに及ばず、各社員がパソコンのどのアプリケーションをどのくらいの時間使用したかをグラフ化し、業務姿勢の「改善」を促すなどの実践も導入されつつある。また、某大手商社の中には専用サーバーを置き、社員の携帯による通話やメール履歴をも全て管理している企業もある。「社員監視」を巡る現状と諸問題については小林　二〇〇五、を参照されたい。

5 「環境管理型権力」やその管理下で生きる「ポストモダン的動物」という独特の概念構成を行う東浩紀氏の議論は参照に値する（東　二〇〇二）。注意しておけば、ここで挙げた「社員監視」システムにおいては、従来型の「規律権力」と新たな「環境管理型権力」が混交する形で作動していると考えられる。「管理職によるメール閲覧」は各社員の「規範意識」に訴えるゆえ前者に、社内全体のパソコンに有害サイトのフィルタリングをかけることで構造的に（アーキテクチャとして）当該サイトへの閲覧を不可能とする監視システムは後者に、対応しているだろう。

6 この事態は未来予想図というよりも、現に発生していると考えるべきだろう。有名な合衆国の入国管理システム「ＵＳ－ＶＩＳＩＴ」は入国者全員の写真撮影と指紋採取を行いデータベースと照合するものだが、二〇〇四年四月の時点で既に二〇〇人以上が、犯罪歴がある等の理由で入国拒否となっている。日本では二〇〇二年ワールドカップに際し、成田空港と関西国際空港に対し財務省が秘密裏に「顔貌認識装置つき監視カメラ」を導入したことが問題となった。財務省側は機器の具体的性能や台数については業務に支障を来すため公表できないとしている。以下のサイトを参照。http://ascii24.com/news/inside/2002/08/26/638136-000.html?geta

7 二〇〇二年二月二七日運用開始。カメラの内訳はドームカメラ三一台、固定カメラ一八台、高感度カメラ一台。この設置のきっかけは、二〇〇一年九月に歌舞伎町で死者四〇名以上を出した雑居ビル火災の放火犯を取り逃がしたことにあると言われている（〇五年四月二〇日付『北海道新聞』、以下のサイトを参照。http://www5.hokkaido-np.co.jp/syakai/eye/01-1.php3）。

8 この時期、横浜市伊勢佐木町が一六台のカメラを、大阪ミナミの心斎橋商店街が五八台のカメラを設置している。

9 詳細は「監視社会を拒否する会」ホームページ・「全国で増え続ける商店街の監視カメラ」、以下のサイトを参照(http://www009.upp.so-net.ne.jp/kansi-no/condition/documents/syoutengai_camera_0503.htm)。概算で年間一〇〇万台のカメラが新たに設置されているという（〇五年四月三〇日付『北海道新聞』、以下のサイトを参照。http://www5.hokkaido-np.co.jp/syakai/eye/00.php3）。

10 東京メトロ・〇五年四月一三日付プレスリリース（http://www.tokyometro.jp/index.htm）。

11 杉並区は全国的に先んじて、二〇〇四年七月に「杉並区防犯カメラの設置及び利用に関する条例」を施行した。この条例について田島泰彦氏（上智大学教授）は「監視カメラを法の枠の中に入れて規制を加えている」点で「一定の評価に値する」と述べつつも、警察の監視カメラを対象外としている点、設置者ではない第三者による規制・コントロールが重要であるにもかかわらず、杉並区が設置したカメラについては区自身がチェックすることになっている点などに問題を残していると評価している。以下のサイトを参照（http://www009.upp.so-net.ne.jp/kansino/news/documents/news_2004_008.htm）。

12 社員の労働状況を管理するためとの名目で、社員に無断でオフィスにカメラを設置し、それを当然の権利の如く考える会社役員も存在する。〇五年四月二二日付『北海道新聞』、以下のサイトを参照（http://www5.hokkaido-np.co.jp/syakai/eye/01-3.php3）。

13 http://www.npkai-ngo.com/Nsystem/hantai.html

14 Nシステムに関する更に詳しい情報は以下のサイトを参照。http://www.sakuragaoka.gr.jp/html2/nsys/index.html、http://www.npkai-ngo.com/

15 *Mainichi Interactive* 二〇〇五年六月一一日付記事より。総務省側の言葉は自治行政局審議官久元氏のもの、反対派の言葉は杉並区長・山田氏のもの。

16 〇五年四月二七日付『読売新聞』

17 古川 二〇〇四、二二五頁

18 以下のサイトを参照。http://nikkeibp.jp/sj2005/special/09/

19 携帯電話を対象とした電子商取引のメリットについての順位は以下である。①「消費者が常に端末を持ち歩いていることから、販売機会を逃しにくい」（四三・〇%）、②「若年層への販売が行いやすい」（三四・〇%）、③「メールマガジン発行等により消費者との継続的なコミュニケーションが行いやすい」（三〇・四%）（総務省『情報通信白書』平成一七年度版、第1章第3節－2）。

20 ライアン 二〇〇二、一一九頁

21 以下のサイトを参照。http://www.rbbtoday.com/news/20050726/24394.html

22 以下の外務省のサイトを参照。http://www.mofa.go.jp/mofaj/toko/passport/ic.html

23 〇五年七月二三日付『毎日新聞』

24 ライアン 二〇〇二、二二三頁

25 ライアン氏自身はこの方向性に大きな難点を見ている。「商業的問題に商業的解決を与えても、当のデータと人間の尊厳や社会的正義との深い結びつきの意識を高める役には立たない。」（ライアン 二〇〇二、二二三頁）

26 東 二〇〇二、参照。氏は「私達が目指すべきは個人情報の収集が善か悪かといった神学論争を突き詰めることではなく、それを善だと考える人も悪だと考える人も、ともに安心して生活できるようなインフラを整えることではないか」と述べ、具体的場面に応じて「ネットワークに接続されない権利」の強さや適用範囲を論争しつつ判断していく必要を説く。「例えば防犯の重要性を考えれば治安の悪い繁華街や閉鎖的な駅構内にカメラが設置されるのはやむをえないかもしれない。しかし通学路や商店街のような開放的生活空間の場合は別途に議論されてよいし、少なくともどの程度の危険があればカメラの導入が正当化されるのか、明確な基準が示されるべきだろう。同じことはETCやSuicaのようなサービスについても言える。・・それらのサービスを拒否しても道路や鉄道へのアクセスに障害を感じないように、ある程度の迂回路を用意しておくことが必要なのではないか。」（連載第一二回・〈ネットワークに接続されない権利〉〔後編〕）

27 以下のサイトを参照。http://hotwired.goo.ne.jp/news/culture/story/20010206201.html

28 例えば新東京国際空港でも、テロなどに備えバイオメトリクス認証を用い旅客の搭乗手続きを簡素化・迅速化する実証実験が行われている。この実験を主導している国土交通省の担当者の言葉は聞き逃せない。「要するに、例えばですが三菱商事の社長さんとか、朝日新聞の記者さんとか、身元のはっきりわかっている人を厳重にチェックしても仕方ないですよね。そういう人には検査は迷惑だし、先を急いでいるかもしれないから早く通ってもらって、イラクとか北朝鮮とかの人を厳しく調べたほうが有益ですよね。」（小倉 二〇〇三、七二頁）これは「効率性第一」に考えれば首肯できる言葉かもしれない。しかし仮に何らかの成り行きの結果、大企業の社長がテロを企てたらどうするのか？「予測不可能な未来」を完全に「予測可能な未来＝現在」へと還元しつくすことは、原理的には不可能である。

29 斎藤 一九九九、一五二頁

30 小林 二〇〇五、二〇一-二〇二頁

31 しかしながら他方で、「未来付与」システムが各個人に対し明白な不平等として働くケースの重要性を忘却すべきではない。例えば特定の遺伝的特性を持つ人間に対する就職時の事前選考における差別の場合である。合衆国では既にこの問題が現実化している（ライアン 二〇〇二、一四三頁）。

32 小倉 二〇〇三b、一六頁

33 小倉 二〇〇三、四一頁

34 ブレークリー&スナイダー 二〇〇四、Ⅳ頁

35 ブレークリー&スナイダー 二〇〇四、二〇六-二〇七頁

36 以下のサイトを参照。http://www.mlit.go.jp/hakusyo/mlit/h16/hakusho/h17/html/g2045120.html
また、ＩＴＳ計画全体については以下のサイトを参照。http://www.its.go.jp/ITS/j-html/index.html

37 以下のサイトを参照。http://www2.kankyo.metro.tokyo.jp/jidousya/roadpricing/london1.htm

38 Graham & Wood 2003, pp.238-239

【引用文献】

東浩紀 二〇〇二、「情報自由論」『中央公論』二〇〇二年七月〜二〇〇三年一〇月連載
岡野裕一朗 二〇〇五、『ポストモダンの思想的根拠　9・11と管理社会』ナカニシヤ出版
小倉利丸 二〇〇五、『グローバル監視警察国家への抵抗　戦時電子政府の検証と批判』樹花舎
小倉利丸編 二〇〇三a、『路上に自由を―監視カメラ徹底批判』インパクト出版会
小倉利丸編 二〇〇三b、:『世界のプライバシー権運動と監視社会』明石書店
小林雅一 二〇〇五、『プライバシー・ゼロ　社員監視時代』光文社
斎藤貴男 一九九九、『プライバシー・クライシス』文藝春秋

古川利明 二〇〇四、『デジタル・ヘル サイバー化監視社会の到来』第三書館
E・ブレークリー & M・G・スナイダー［竹井隆人訳］二〇〇四、『ゲーテッド・コミュニティ—米国の要塞都市』集文社
デイヴィッド・ライアン［田島泰彦監修、清水知子訳］二〇〇四、『9・11以後の監視』明石書店
デイヴィッド・ライアン［河村一郎訳］二〇〇二、『監視社会』青土社
Graham, Stephen & Wood, David 2003, "Digitizing Surveillance: Categorization, Space, Inequality." *Critical Social Policy*, 23: 2

【参考文献】

五十嵐太郎 二〇〇四、『過防備都市』中央公論新社
江下雅之 二〇〇四、『監視カメラ社会 もうプライバシーは存在しない』講談社
小倉利丸編 二〇〇一、『監視社会とプライバシー』インパクト出版会
O・H・ガンジー Jr.［江夏健一監訳］一九九七、『個人情報と権力 統括選別の政治経済学』同文館
斎藤貴男 二〇〇二、『小泉改革と監視社会』岩波書店
斎藤貴男 二〇〇五、『不屈のために』筑摩書房
櫻井よしこ・伊藤穰一・清水勉 二〇〇二、『「住基ネット」とは何か?』明石書店
坂村健 二〇〇二、『ユビキタス・コンピュータ革命—次世代社会の世界標準』角川書店
鈴木謙介 二〇〇五、『カーニヴァル化する社会』講談社
竹林一・西田徹 二〇〇四、『ここまで来た! モバイルマーケティング進化論』日経BP企画
新美英樹編著 二〇〇三、『ここまで来ているモバイル・マルチメディア』日経BP企画
D・ライアン、小松崎清介監訳 一九九〇、『新・情報化社会論』コンピュータエージ社
宮台真司・神保哲生 二〇〇二、『漂流するメディア政治』春秋社
『法律時報』七五巻一二号(二〇〇二年)
『中央公論』二〇〇二年九月号

Deleuze, Gilles 1990, *Pourparlers*, Les Éditions de Minuit

Gilliom, John 2001, *Overseers of the Poor: Surveillance, Resistance, and the Limits of Privacy*, The university of Chicago Press

Haggerty, K. & Ericson, R. 2000, "The Surveillant Assemblage." *British Journal of Sociology*, 51:4

Lyon, David 1994, *The Electronic Eye: The Rise of Surveillance Society*, Polity Press

第7章
リスクの政治

金子　勝

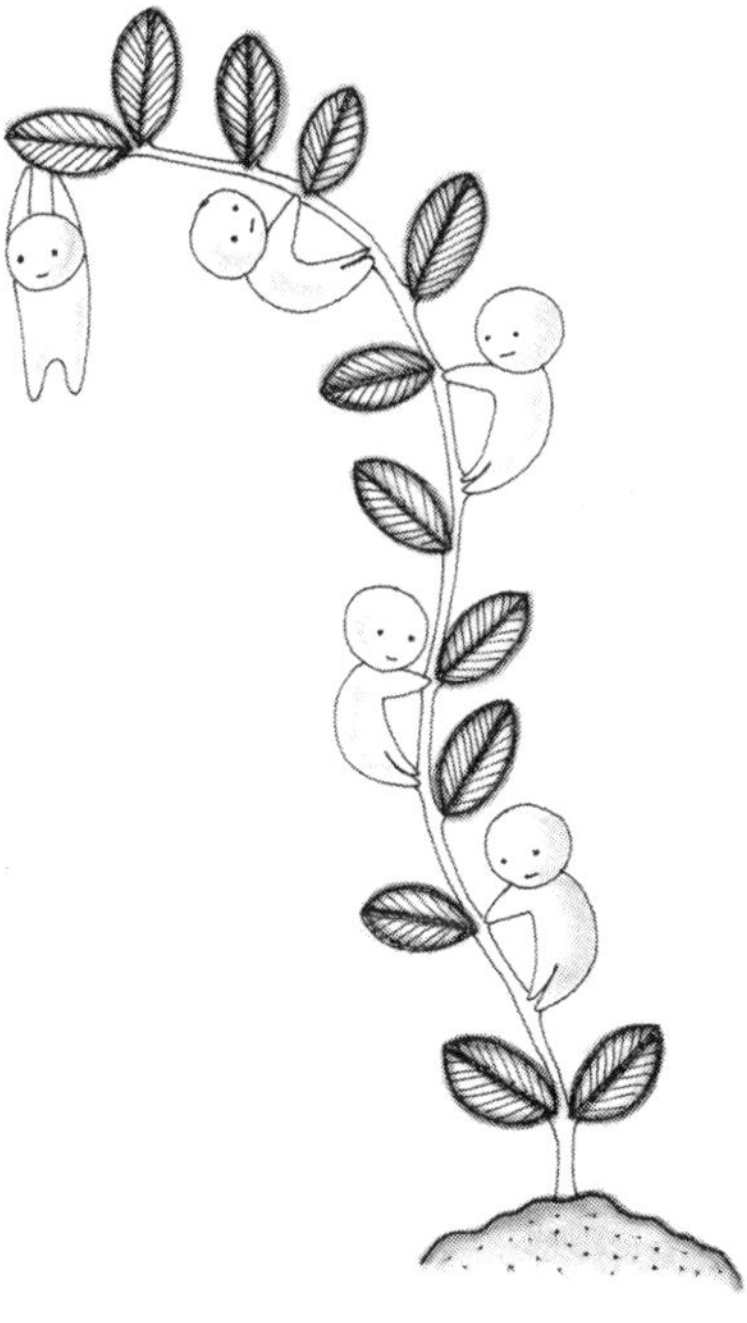

1　不毛な二分法を超えて

(1) ゼロリスクか否か

新しい化学物質やBSEのような危険性をめぐって、ゼロリスクなどありえないという観点から批判的主張がなされている。中西準子氏の議論が典型的であろう(中西 二〇〇四)。科学的な分析に基づいてリスクを計算して効率的なリスク管理を追求すべきだとする主張に対しては、人権という観点から人命軽視だという批判が、当然起きる。その根底には、水俣病の事例が典型的に示すように、科学者への不信が横たわっている。だが、筆者には本質的な議論のようには思えない。

純粋に理論的に考えれば、中西準子氏が言うように、ゼロリスクになることなどないと考えるのが当然であろう。たしかに、原子力事故、新しい化学物質に伴う薬害、新たな感染症、あるいは地球温暖化など、科学的な知識がなければ解決しないので、反科学主義に陥るのは間違いである。にもかかわらず、なぜ、こうした議論に対して批判が起きるのか、その原因を注意深く考えておかなければならない。

まず、ゼロリスクがありえないように、科学者が無謬《むびゅう》であるはずがない。いくつかの要因が考えられる。科学者もその時々の研究水準に規定されるし、科学者も認知能力に限界がある。とくに見えない(不可視の)リスク、必ず起こりうる(つまり発生する可能性がある)が、発生する確率が低く、しかも実際にいったん起こると、被害が不可逆で甚大になるにもかかわらず、予測が困難な場合はそうである（ベック 一九八六参照）。仮に、（かなりの単純化になるが）確率的に五〇年に一回、原子力発電所の重大な事故が起こりうることが分かったとしよう。それを防ぐためには一〇〇億円のメインテナンス投資が必要だとしよう。割引率を無視すると、年平均二億円の資金が必要となる。ところが、このリスク発生の確率を六〇年に一度と見積もれば、年平均一・七億円ですむことになる。こうした事例は発生する事例が稀であるために、データの精度が低いために、容易に起こりうる。

さらに、リスクをヘッジするために、リスク計算を緻密《ちみつ》にして効率化（費用を最小化）しようとすればするほど、かえってリスクを増幅してしまうという逆説的事態が起こりうる。経済学の分野では、金融デリバティブが典型的であろう（金子 二〇〇〇、第3章参照）。デフォルト（債務不履行）のような極めて稀なケースを排除してリスクを計算しないと、リスクは限りなく大きくなって効率性を追求できなくなってしまう。しかし、いったん確率的に稀なケースが発生して、ある金融機関が破綻すると、リバレッジ（テコの作用）を利《き》かせて資金を調達しているために、連鎖的に危機が波及して、ひどい場合は金融市場のクラッシュを引き起こしてしまう。一九九八年に、大手ヘッジファンドのＬＴＣＭ（ロングターム・キャピタル・マネジメント）が事実上経営破綻した事例が、それに近い。ＬＴＣＭには「ノーベル経済学賞」を受賞したマートンとショールズが参画して、リスクの確率計算に基づいて最も効率的な資金運用を行って非常に高い利益率を実現していたが、ロシアのデフォルト危機という「予想外」のリスクが起きたために、たちまちＬＴＣＭは経営破綻に陥ってしまったのだ。このように、リスク計算と効率性の追求という手法には、人権という視点だけでなく、それがしばしば危機の連鎖的波及をもたらし、社会全体を大きな不安に陥れてしまうという問題がある。

ベックは、一方で不可視の予測困難なリスクの性格を指摘しながら、他方で反科学主義の立場を批判するがゆえに、こうした問題に対する科学者の限界についてやや楽観的すぎるように見える（ベック一九八六、第7章）。重要な問題は、科学者が客観的データに基づいて議論し合える環境が存在するのか、あるいはそういう環境を作ろうとする社会的合意が存在するのか、という点にある。薬害や化学物質の被害の場合、水俣病に典型的に見られるように、都合悪いデータが隠され、都合よいデータが出されるという現象がしばしば起きるからだ。つい最近でもアスベスト被害が問題になっている。かなり以前から、その危険性が指摘されていたが、発症まで三〇〜四〇年かかり、いったん発症すると非常に死亡率が高い。このような場合、（外国での研究成果が参考になるものの）当初の段階で被害の実例が少ないので、データに基づいた科学的議論が制約を受けてしまう。そのために、しばしば対策が遅れがちになり、一部の科学者によってそうした事態が容易に正当化されてしまう。

その際、重要な論点となるのは、パワー（権力）という問題である。多くの先端的研究は多額の資金を必要とするがゆえに、必然的に、研究費の配分を通じた官庁や企業の影響力が大きくなり、資金力や政治力を持つ者が影響を与えるようになる。それをチェックしバランスする仕組みがないと、リスクを甘くみようとする政治的な力が働いて、つねに都合よいデータが作られる傾向を生む。故高木仁三郎のような人物が果たす役割が大きいが、こうした卓越した個人に依存するのは限界がある。制度の問題として、パワー（権力）を持つ者の影響を遮断《しゃだん》して、いかに科学者同士のフェアで公共的な議論を保証するかが問われなければならない。だが、現実には、国立大学の独立行政法人化や選挙制度をなくす日本学術会議改組に見られるように、研究費配分における政府介入はますます強まっている。

さらに、科学的分析を政策として実施する主体の問題もある。ＢＳＥ検査に関しても検査の実施体制が整っていなければ、そもそも意味ある検証ができない。米農務省において利害関係者が強い影響力を及ぼしている場合、こうした問題が容易に発生しうる。ここで重要なのは、生産履歴を追跡するトレーサビリティが確立しているか否かが重要である。トレーサビリティはゼロリスクを目指しているのではない。むしろゼロリスクがありえないことを前提として、いったんリスクが発生した場合にその被害が広がるのを防ぐ仕組みである。多くの場合、時々の科学の水準や科学者の認識能力に限界があるとすれば、リスクの発生を完全にくい止めることはできない。その意味において、ゼロリスクはありえない。とすれば、いったん危険性の存在が分かった場合、あるいは実際にリスクが発生した場合に、迅速にその誤りを修正するフィードバックの仕組みがいかに大切かが分かる。

よく考えてみれば分かるように、リスクが不可視で予測困難だからといって、人々はただちに不安に陥るわけではない。たとえば交通事故のような場合、個別の事故が起きても、ただちにそれが直接に社会全体に波及するわけではないからだ。ゼロリスクがありえないとすれば、実はいったんリスクが発生した場合に、その危険性が他に波及するのをできる限り防ぐ仕組みを整えることが大事になる。

(2) 安全性は効率性と両立しないか

環境や安全の問題をめぐっては、他にも不毛な対立図式が存在する。それは効率性と安全性（あるいは生産性）は両立しないという論点の立て方である。たとえば、農薬や化学肥料を使用する農業に対して、より安全な有機農業を求める動きについて取り上げてみよう。そこで必ず出てくるのは、効率性と安全性のトレードオフという問題である。先進国で安全基準を強め、それと同じ基準を適用すると、一方で人口爆発をする発展途上国において食糧問題を深刻化させてしまう。同じような構図はCO_2削減問題にも当てはまる。先進国で環境基準を強め、それと同じ基準を適用すると、先進諸国と発展途上国の経済格差は固定化させることになる。リスクの配分においても南北問題が発生する。国際的に世界政府や世界議会がないので、その再配分の仕組みもないので、こうした傾向は一層強まる。

だが、本当に安全性と効率性（生産性）はトレードオフの関係にあるのだろうか。土づくりから始める有機農業の考え方は、必ずしも安全性を追求するために効率性（あるいは生産性）を犠牲にするという考え方ばかりではない。筆者は、宮崎県都濃町の三輪晋氏から面白い話を聞いた。その発想の基本は難しくなく、しかも科学的裏付けがしっかりしている。それは、土づくりをしっかりやって健全な樹体を作れば、病害虫に対する耐性が強まり、農薬の使用量を大きく減らすことができるというものである。実際、多年にわたって化学肥料を使いすぎると、土質が硬くなり、樹体が病害虫に弱くなって農薬使用量を増やす必要性が高まるという悪循環に陥り、さらに連作障害も起きやすくなる。

三輪氏の考え方によれば、まず微生物が活性化しやすい土づくりから始め、地表から一〇〜一五センチの表面だけ耕耘し、そこに完全には熟成していない堆肥と生ゴミを資源化したグリーンガイヤを混ぜた有機肥料を施肥する。そうすると微生物の働きで、土が団粒状になり、栄養分を吸収する上根（毛細根）が発達する。深く掘った土地に熟成しない堆肥をまくと、微生物の分解で土中で熱が発生して根が腐ってしまう。あるいは、縦根ばかり伸びて背が大きくなる割に実がよくならない。窒素不足による葉の窒素同化能力の低下が起きるためである。そこで、それを補うために、さらに無機の窒素肥料を加えてやる。ここでは単純な化学肥料まで全面的に排除する必要はない。むしろ、微生物（土着菌）が窒素を分解してアミノ酸、ビタミン、ミネラルなど副資材（化学肥料にすると高い部分）を作ってくれる。こうして病害虫に強い樹体ができ、農薬を大幅に減らすことができるのである。

このような土づくりは全国各地で繰り広げられているが、気候、土質、作物、含水率などによって微生物が活性化する環境が違ってくるので、地域における農家の農業技術や創意工夫に大きく依存することになる。

いつしか多くの人々は、規模拡大を前提にした機械化と化学肥料によってしか生産性が上がらない、そして有機農法にすると、昔に戻ってしまうので生産性が落ちると思いこんでいる。しかし、これまで見てきたように、それは誤解である。もちろん、このような土地生産性を上げる方法は、機械化や化学肥料による農業労働の単純化とは方向性が違っていて、地域における農家の熟練や技能を向上させる努力を呼び起こさなければ、達成できない世界であることを忘れてはならない。

一方、それでも安全な野菜や果樹は手間暇をかけなければならないために、化学肥料や農薬を大量に使った大規模農業と比べてコスト高になる可能性を否定できない。近年、着実に広がっている「地産地消」は、こうした問題を流通面から克服しようとする試みとして評価できる。全国で一万二千カ所を超える直売所、あるいはそれを数カ所の都市にも展開している大分県大山町が典型的だ。

そこでは一つひとつの個別農家が、自分の畑で作った作物やその加工品を作った人の名前や生産履歴を表示する。そして、一定の手数料を支払えば、売り上げは自分のものになる。売れれば生産農家の収入は増え、売れ残れば生産農家が引き取らなければならない。こうして、これまでの複数の流通過程を省きながら、生産者と消費者の間に「顔の見える関係」（金子　一九九九b参照）を作り出してゆく。これまでは、地域の農産物のロットを大きくして、ＪＡ（農協）が集荷出荷をして青果市場に大量輸送し、多くの流通業者の手を介して消費者の手に届く。そこでは、個別農家と消費者との関係が「顔の見えない関係」であるとともに、輸送コストや流通コストが嵩《かさ》むとともに、個別農家のもとにいくらも利益が残らない。これと比べて、「地産地消」方式は、安全でおいしい野菜や果物を作る手間やコスト高を、流通コストや輸送コストを大幅に中抜きするので、小規模農家でも、年間を通して農産物を提供する多品種少量生産によって、十分な収入をあげることができるのである。

しかも、最近明らかになってきた、石油資源が枯渇するかもしれないというピーク・オイル問題（金子・デウィット　二〇〇五、第2章）を考慮すると、それまでの価格の安い化石燃料に依存して、全てを大都市の市場に集中してから全国に再配分する大量輸送システムは、環境に悪いだけでなく、経済的にも合理的ではなくなるかもしれない。たとえば、このまま石油価格の上昇が続けば、九州で生産

された ハウス栽培の野菜を飛行機で空輸するといった方法は、経済的に見れば成り立たなくなる可能性がある。近い将来、なるべく地域内で循環させる安全な農業は、流通面からもより効率的な方法となりうるかもしれない。

以上見てきたように、ゼロ・リスクか否かとか、安全性か効率性（生産性）かという二分法が、本来考えなければならない問題を置き去りにして、人々を思考停止に陥らせてしまう面があることを忘れてはならない。

2 不安を利用する政治

(1) セキュリティ不安と監視社会化

環境や安全という問題以外にも、不可視の予測できないリスクはある。テロや外国人犯罪に伴う治安問題がそうである。実際、二〇〇一年の9・11テロ以降、ブッシュ政権の下で「対テロ世界戦争」が行われている。これは新しいタイプの戦争である。この「世界戦争」は、国民国家対国民国家の戦争でもなければ、「国民」を総動員する戦争でもない。しかもテロリストは国境を越えた「見えざる存在」であるために、人々は日常的に戦時体制に組み込まれてゆかざるをえない。

二〇〇五年七月七日のロンドンテロに見られるように、誰がテロの対象となるか分からないので、人々はセキュリティに不安を覚える。それゆえ、こうしたテロを未然に防ごうとすれば、社会の隅々まで監視する必要を切実に感じるからだ。同じことは、外国人による犯罪についても言える。たしかに、環境や安全の問題とテロや治安の問題は不可視で予測が困難という点では共通するが、環境や安全問題に適用される「予防原則」をテロや治安問題にそのまま適用しようとすると、かえって監視社会化が進んで人権侵害が起きうる点に注意しておかなければならない。

実際、テロや犯罪の防止を名目とした監視社会化は、普通の人々に顔や指紋などの生体認証（バイオメトリックス）を求めるところまで来ている。米国は、すでに二〇〇二年に、国境警備強化・ビザ入国改正法で、旅券に生体認証情報を入れないと、ビザの相互免除対象国としない方針を決めており、〇四年から外国人の顔写真撮影と指紋採取を開始した。そして、日本政府もそれに追随している。

監視社会化の動きは、「国境」だけに限らない。都市内部でも、「誰もが等しく、潜在的に犯罪者だという前提の下に、ストリート、学校、集合住宅などに監視カメラなどが張りめぐらされて都市空間の「スキャナー化」が進んでいる。誰もが見張られている。五十嵐太郎は、それを都市の「軍事化」と呼ぶ（五十嵐太郎 二〇〇五）。さらに、斎藤貴男は、空港や都市に設置される「監視カメラと顔認証システムが一体化」し、住民基本台帳ネットワークに、自動改札機とＩＣカード、ＧＰＳ（全地球方位測定システム）機能付きの携帯電話などが結びつけば、「監視する側」が個人情報を掌握できる「ハイテク監視システム」ができあがると警告する。すでに、米国安全保障省による「旅客機乗客事前識別システム（ＣＡＰＰＳⅡ）」では、乗客のテロ脅威度を測るためにデータベース化された個人情報にアクセスできる（斉藤貴男 二〇〇五）。

問題は、人々が自ら進んで「監視されること」を望んでいることにある。問題は、銀行のキャッシュカードのスキミング犯罪についても同じように当てはまる。スキミング犯罪は、暗証番号を覗く、小型カメラで盗み見する、専用回線にルーターを仕掛けて発信音から暗証番号を盗むといった原始的な手法が用いられている。したがって、ＡＴＭの引き出し限度額を引き下げて盗難保証をする一方で、多額の引き出しは窓口でやり、またＡＴＭにも警備員をしっかり配置すればすむ。しかし、不良債権処理に失敗してきた銀行は、合併による店舗数の削減や雇用リストラなどの合理化で収益をあげてきたために、こうした基本的なセキュリティ・サービスを提供できないでいる。にもかかわらず、人々はこうした問題に目がゆかず、ＡＴＭに生体認証情報を入れるといった対策を受け入れている。

指紋などの生体認証情報をとられることに対して、自らがテロリストや犯罪者ではないということを証明するために必要であるという考えを、人々は受け入れ始めている。そして、自分の情報を提供することによって自分を守るのが当たり前になる。つまり、いつの間にか、多くの人々が監視する側の目線に立って、監視されることを受け入れてゆくのである。そうした事例は、町々における自警団の組織化の進展にも現れている。

(2) リスクの政治的利用

このように監視社会化が進むのは、人々の不安がセキュリティ（安全）願望を生むからである。しかし、リスクに関する合理的な意思決定は難しい。リスクが不可視で予見困難だからこそ、政府や専門家集団による情報操作の余地が増し、リスクを政治的に操作することが可能になってゆくからである。

たとえば、水俣病の事例に典型的に示されているように、政府やチッソは自らに都合よいデータを示そうとする。人々は正確な情報を得るのが困難なために、リスクの過小評価に陥り、意思決定が遅れて被害が取り返しのつかないものに拡大してしまう。ここに、利害関係者間の政治的手続きだけに、政策の決定を委ねることとの危険性が潜んでいる。

他方、政治的にリスクを過大に操作する事例も多い。先に見たテロや犯罪の場合がそうである。先述したように、予見困難なリスクがあっても、人はただちに不安に陥るわけではない。リスクの政治的利用にこそ、人々の不安を拡大させ、不安を増幅させてゆくメカニズムが隠されている。「対テロ世界戦争」が典型的だろう。

たとえば、イラク戦争開始に当たって、大量破壊兵器などの証拠はねつ造されていた。それは、二〇〇四年七月九日に公表された米上院情報特別委員会の報告、および同年七月一四日に出された英国の独立調査委員会（通称バトラー委員会）の報告書でも示されている。さらに、二〇〇五年五月一日付けサンデータイムズ紙が暴露した「ダウニング・ストリート・メモ」によれば、二〇〇二年七月二三日に行われた英国の主要閣僚会議において、ブッシュ政権とブレア政権は、証拠ねつ造を知っていたうえで、フセイン政権を倒すことを目的にしてイラク戦争の開戦に踏み切った（金子・デウィット 二〇〇五、第1章）。

大量破壊兵器の証拠がでっち上げであることが暴露されてからは、ブッシュとブレア両政権はイラク戦争の根拠を「中東民主化」にすり替えている。しかし、イラク国内は、事実上「内戦状態」に陥ってしまった。いまやイラクはゲリラの実戦訓練地と化し、世界中にテロが広がっている。しかもイランでも、イラク戦争を契機にして改革派・民主派は窒息状態に陥り、反米保守派が政権を握り、英米両政権の言う「中東民主化」という根拠も崩れてきている。

9・11同時テロを契機にしたセキュリティ不安とテロ・リスクの政治的利用から、イラク戦争に踏み切り、それが背景となって世界中で自爆テロが広がっている。事態がずるずると進行するうちに、イラク戦争に協力した国々ではテロとの闘いと称して、監視社会化を一層強めている。まるで、マッチポンプのようである。

にもかかわらず、人々は事態の本質的原因に目がいかない。日常的に広がる犯罪についても同じである。巧みなメディア操作が背景にある。事実、メディアは外国人の犯罪数だけを取り上げる傾向がある。しかし、その多くはビザに関するものである。とくに外国人による犯罪がクローズアップされるのは、見知らぬ外来者による犯罪ゆえに、一層不安を募らせる効果が高いためである。

こうして見えない「悪」への不安が煽《あお》られるとき、自らが「善」の側にいると思えば、人はその不安から自由になりたいと願う。かくて権力の監視による「自由の喪失感」そのものを失ってしまうことになる。つまりテロや犯罪の場合、不可視で予見困難なリスクを未然に防ごうとして予防原則を適用すると、監視社会化がますます進むことになる。そして監視している権力への無防備というリスクが増幅されてしまうのである。

3　契約理論の限界

(1)　世代間の利害調整は可能か

「リスクの政治」という問題領域をさらに掘り下げてゆくと、難しさは理論的前提にまでに及ぶことになる。問題は、世代間の政治的合意がいかにして可能になるかという点にある。実際、環境や安全といった不可視で予測困難なリスクは、放置しておくと社会の持続可能性が危うくなり、問題は複数の世代をまたがってくる。急速な少子高齢化も同じだ。そこでは、世代間で利害の調整を図る必要に迫られることになるが、経済学あるいはそれに近接する社会諸科学はそれを扱おうとすると、たちまち方法論的基礎から揺らいでしまうことになる。

まず、現役世代と将来世代、あるいは現役世代と高齢世代（退職世代）といった世代間で、あるいは世代のコーホートをとって、そのコストと利益を比較考量する「世代会計」という手法の問題を考えてみよう。個人の効用や利得の最大化を前提とする新古典派経済学の立場に立ちながら、この手法を使うと、実は問題の解を容易に求めることができなくなってしまう。

ここに、いま六〇歳の人がいるとしよう。その人は、たぶん二〇〜三〇年後には死んでいる可能性が非常に高い。方法論的個人主義で考えれば、とりあえず自分が生きている間に最大限楽しく生きようとするのが、最も経済合理的な行動となるので、現役世代あるいは将来世代の利益を考えて行動することは「非合理的」行動ということになる。もしかしたら、未来は大変になるかもしれないと思う人でも、せいぜい自分の息子や娘だけは困らないように、たくさんの財産を残してやろうとするのが合理的だということになる。さらに厄介なことに、少子高齢化が進んでゆくと、高齢世代ないしそれに近い世代の方が多数派になるので、ますますこうした事態が進んでしまう。こうした状況を重複世代モデルにしてみると、ツケはどんどん将来世代に先送りされ、事態の悪化を食い止めることができなくなる。

年金問題だったら、そうした状況を避けるために年金を民営化するという「解決策」もあるかもしれない。しかし、現行年金制度は、現役世代の納めている保険料をそのまま退職世代の年金給付として支払われる事実上の賦課方式となっており、民営化すれば、現役世代は二重払い（自分の積立分と現在の年金給付のための税負担）をしない限り、年金制度は崩壊してしまう。結局、世代間の負担の分担を変えることが必要になるが、もし「若い世代が損しないように」制度を変えようという社会的合意ができたとしよう。その場合、いつの間にか世代間の公平という公準を持ち込むことになる。それでは、方法論的個人主義の前提が崩れることになってしまうだろう。

では、法と契約のアプローチを用いた場合にどうなるだろうか。論者によってまた論者の時期によって若干重みが違ってくるが、ジョン・ロールズの正義論やニコラス・ルーマンの社会システム論も契約アプローチないし契約という方法を重視している。経済学で用いられるゲーム理論もまた同様である。だが、契約アプローチも困難を抱えている。

環境や安全の問題は、リスクが発現するのに何十年もかかる複雑なケースが多い。もしかしたら将来に被害を受けるかもしれない子どもたちは、投票権もなければ、そのことをきちんと判断する能力がまだ身についていないかもしれない。そのために、いまの大人たちの世代と子どもたちの世代の間で取り決め（契約）を結ぶことはできない。さらに、まだ生まれてきていない世代までを含めれば、現在の世代と未来の世代の間で契約を結ぶことは明らかに不可能である。

このように、自己利益を大きくしようと経済合理的に個人主義的行動をとっている人間ばかりになってしまう場合、あるいは契約アプローチで問題を処理しようとする場合も、解決できなくなってしまう。長い間、人口が増え高い経済成長があった時代には、このような問題は起こりにくかった。その意味において社会諸科学は、持続可能な社会を実現するという、これまで経験したことのない問題を前に、前提から問い直さなければならなくなっているのである。

(2)　リスクの配分と自由

つぎに、リスクの配分という問題を考えてみよう。地球環境問題や急速な高齢化といった将来社会が持続可能かどうか疑わしい状況を改善するには、不確かなリスク（危険）という問題を避けて通ることはできない。ところが、ロールズは、ハーサニーとの論争を経て、自己の枠組みからより明確にリスクという問題を除外するようになっている（ロールズ 二〇〇四）。彼の最低限の者を救うというマキシミン・ルールを、リスクを含めて適用しようとすると、確率的に稀な場合でも最悪のリスクを避けるためには何もしない方がよいというケースが出てきてしまうからである。一方、確率論的な視点を入れてリスクを処理しようとすると、今度はそのリスクが発現した場合に人権を保障できないケースが出てくる。先に見たゼロリスク論争と同じ構図ができあがってしまう。

未来のリスクについて不可視で予測できない場合には、世代間だけでなく同じ世代内部でも意思決定は著しい困難に突き当たってしまう。いま生きていて投票権を持つ世代のなかでも、リスクに関して個人の利益は大きく異なってくるからである。とくに、どんなに持続可能性がなくても、いまの仕組みから最も利益を得ている人たちは、パワー（権力）を持っているので、なるべく自分たちに都合のよい情報を流そうとする。とくに自分たちが失敗した結果、ひどい状態になった場合には、できるだけ情報を隠して楽観的な情報を流そうとする。それは環境問題に限らない。たとえば、銀行の不良債権が大きな問題となったときも、経営者たちは「大丈夫だ」「大丈夫だ」と言い続ける。年金政策で失敗した政府も、「これで大丈夫」と同じことを言い続ける。

しかも、その結果、実際にリスクが発生したときに一番しわ寄せがいくのは、所得だけでなく正確な情報を持たない弱い人たちだ。実際、矛盾や被害は弱いところから襲っていく。たとえば、ある程度所得を持つ者は、安全で生産履歴のはっきりしている野菜や食肉を食べられるが、貧しい人々はジャンクフードや生産履歴のはっきりしない輸入野菜を食べなければならない。リスクの性格は異なるが、阪神淡路大震災のときも、被害は高齢者や貧しい人たちなど弱者に集中して現れた。あるいは、地球温暖化はやがて南極や北極の氷をとかして、何十年後には海面を何メートル上げてしまうと言われるが、実際に地球温暖化は、その前に開発途上国においてマラリアなど伝染病菌や新たなウィルスの活性化をもたらして、すでに被害を与え始めている。総じて、これらの開発途上国は貧しく医療や衛生が整っていない国々である。

リスクの配分を修正する方法はいくつか存在する。人々の公共精神に訴え、心の中で他の人々（他者）の困難を思い浮かべながら、譲り合うようにするというのも一つの方法である。たしかに、自分だけ良い目を見ようとするより、人のために役に立っているときの方が、人間は幸せを感ずることができるというのも事実である。しかし、こうした譲り合いがいつも成り立つとは限らない。市場原理主義のイデオロギーを前提とすれば、個人の私的所有権を最大限保証したうえで自己利益を追求するのは当然とされる。こうした考え方からは、「怠け者」のために、なぜ他の個人が負担をしなければならないのだ、という声があがってくる。また、少数の人々や弱い者たちの声が無視され、一番声の大きい人たちの利害が通ってしまいがちになる。

では、最低限の人を優先的に保証すればいいのではないか。いわゆるロールズのマキシミン・ルールの適用である。しかし、それは一つの価値判断であり、しかもそのために誰かが負担を負わなければならない。それが飛び抜けた一部のお金持ちだけなら、何とか合意を得やすいかもしれない。ところが、一部の人々のために、多くの人たちが犠牲になってしまう場合は、なかなか合意を作ることが難しくなる。さらに、「国民国家」の枠を超えてリスク配分に格差が存在する場合も、同じく困難に突き当たる。

こういった解決法に伴う問題点の根底にあるのは、社会的に何らかの制度を作ると、必ず誰かを強制するという面が出てくるという点である。つまり、問題はこうだ。まず、個人は自由で多様な生き方ができなければならない。そのためには、共通のリスクを取り除くために社会的な制度や枠組みを作らなければならない。そうすると、「社会のために」という美名の下に、ある個人にとっては私的所有権を侵され、それによって自由な生き方を妨げられるということになる。こうしたジレンマから抜け出られないと、なかなか出口を見つけることができなくなってしまう。

こうした自由と平等という問題に、アマルティア・センが一定の答を与えようとしている。センによれば、発展途上国における最底辺層に教育と衛生を供給することによって、人々の潜在能力(capability)を高めて、より自由で多様な生き方が可能になる(セン 一九九九)。ある意味で、センは、ロールズの第一原理・第二原理をひっくり返してマキシミン・ルールから出発することによって、平等や福祉が自由と対立しないことを主張したと考えられる。しかし、それはしばしば批判されるように、先進諸国では適用が難しい。たとえば、ブリュデューの「文化資本」のように、先進諸国では逆に教育(あるいは医療衛生も)格差を作り出す大きな要因だからである。

そこで、人々が抱えている将来リスクを多くの人々の間で共通するリスクととらえ、それを自由という価値と結びつけて考える必要が出てくる。たとえ見えないリスクであっても、その不安を取り除こうと努力しないと、人々は不安におびえて思い切った行動ができなくなるからだ。ずっと将来不安を抱えたままでは、実は自由な生き方はできないと言い換えてもいい。たとえば、人々が年金制度を信頼しなくなり、誰もが老後の不安を抱えていたら、消費はどんどん減ってゆき、経済が悪化して将来不安が一層増してゆくという悪循環が始まってしまう。

実際、自由で多様な生き方は、社会のさまざまな制度の安定的見通し（つまり不確かなリスクを取り除くこと）によって、はじめて可能になる。たとえば、夜、まったく見知らぬ土地に放り出されたとする。どこに行くか、無制限の自由が与えられていると言われても、実際には道に迷って、途方に暮れてしまうだろう。しかし、番地や目印が書いてある地図があれば、私たちは何とか目的地に向かって歩き出すことができるはずだ。そういう地図に当たるような、社会のさまざまな制度や仕組みを作っていかないと、人間は自由に多様な生き方を選ぶことができなくなってしまうのである。そのためには、みんなが共通して何が将来のリスクで、どうしたらそれを防ぐことができるのか、そしてどこまで防げるのかについて、公共的な場で討議し決定してゆくしかない。

より現実の制度改革に引きつけて考えてみよう。古い仕組みを改めて新しい仕組みに作りかえるとき、新しい仕組みを作ることによって、多くの人々がより自由で多様な生き方ができるようにするという視点が、とても大事になる。たとえば、少子高齢化に伴う将来不安を例にとると、現行の年金制度は政府の制度運営の失敗によって財政的にもたないだけでなく、厚生年金・共済年金・国民年金などに制度が分立している。一度リストラされると、制度がつながらないために給付が著しく不利になったり、非正規雇用になると、制度的に著しく不利な国民年金制度に加入しなければならなくなったり、未納を続けて三五歳を超えると、二五年間という最低納付期間に達せずに受給資格を失ってしまう。

こうした年金制度を改革するには、みんなが最低限生活できるように給付額を保証するだけではなく、年金を一元化することが大事になる。そうすることによって、人々は職業を変えても、雇用リストラにあっても、非正規雇用になっても、年金がつながることになって、より自由に職業を選択できるようになる。こうした年金一元化のうえに立って、ジョブキャリア（その仕事の経験や技能）をきちんと評価して、会社が人を雇うルールを整えてゆく。そうすることで、職業を変わったり非正社員になったりしても年金がつながるとともに、これから何を努力したらいいか、目安が見えるようになる。こうして、人々はこれまでよりずっと自由で多様な人生を選ぶことができるようになるのである（神野・金子 一九九九、第1章参照）。

4　社会ダーウィニズム批判

（1）民主主義の合理的根拠――失敗から学ぶ

リスクに強い社会とは、環境の変化に対してよりよく適応できる社会である。ところが、現実には人間は全知全能の神ではないので間違いをおかす。どんな専門家や科学者も例外ではない。そうだとすれば、たえず失敗から学んでいけるフィードバックの仕組みを社会全体で作っていくことが必要になる。まず何よりも正しい情報が流れるようにして、その情報に基づいて公共的に議論ができるようにしなければならない。そして、問題を解決するために新しい手段をとったら、それが何か問題をもたらしていないか、つねに検証できるようにしていくことが必要となる。そして、もし間違いが見つかったら、すぐにそれに対処できるようにする――こうした多重なフィードバックの仕組みをたくさん社会に埋め込んでゆくのである（金子・児玉　二〇〇四）。

しかし、たえず失敗から学びつつリスクに機敏に対応できる仕組みを作るには、その前提として社会に多様な意見があることが大事になる。社会が一つの意見だけで占められてしまうと、いざ想定しなかった困難なリスクや環境の変化が襲ってきたときに、対応できなくなってしまうからだ。不良債権処理のもたつきや企業による不祥事隠しが問題になっているが、日本の官庁や企業組織は、いったん失敗が起きると、それを極力隠蔽して先送りしようとする。その結果、ますます失敗が累積してゆき、やがて取り返しがつかない事態を招くことになる。こうした問題の背景として、日本の社会が閉鎖的な小集団に仕切られて exit の自由が制度的に制限されているために、その内部において同調体質が強くなってしまうことがあげられる。

このように見てくると、いかに社会の中に多様性を残してゆくのか――ここにこそ、日本の未来が真に豊かになり、そしてリスクの強い社会になれるかどうかがかかっている。それを簡単に言い換えれば、多様な価値を保ちながら、多様な意見をたたかわして物事を決めてゆく民主主義が非常に大事になるということになる。

この点では、社会主義の失敗から、市場経済でないと民主主義が保証されないという考え方が強調されてきた。しかし気をつけておかなければいけないのは、市場競争で強い者が生き残るという弱肉強食の考え方が行きすぎても、実は多様性を前提とする民主主義の仕組みを壊してしまう危険性が高いという点である。ある価値観や仕組みを前提にして、強者ばかりを残してゆくと、そうでない価値は切り捨てられてしまうからである。

弱肉強食は、ふつうダーウィンの「自然淘汰」説に基づくと言われている。しかし、ダーウィンはしばしば「隠れた効果」を強調している（ダーウィン 一九九七）。つまり、ふだんは役に立たないように見えても、何かの環境の変化があった時、それが、「種」が生き残るうえで重要な役割を果たす可能性があるということを意味している。実は、人間社会も同じだ。社会がただ一種類の価値だけになってしまったら、実は、考えもしなかった環境変化が起きたときに、適応できなくなってしまい、社会も滅びてしまう危険性が高まってしまう。

(2) 平等と多様性

反対に、みんな同じでなければならないという平等主義も、やはりリスクや予想しない環境変化に脆《もろ》い。実際、すべてを同じにすることは不可能だ。たとえば、所得も学歴も職業も住む家も食べる物も、みんな同じにすることはできない。さらに何かを基準に平等にすると、別の不平等が生じるというケースもある。

もちろん、人間として最低限の生活ができるようにしなければならない。そのために必要な所得やサービスの水準を、社会全体で保証していく必要があることは言うまでもない。また親から子ども、子どもから孫へと世代を通じて、不平等が累積していくことは望ましくない。そのためには、資産相続に課税したり、誰にでも最低限の教育を受ける権利を保証したりすることが必要になる。「自己責任」で全てをやれとか努力した者は報われないといけないと言って、不平等を放置してゆけば、次の世代の子どもたちは最初から差がついてしまい、やがて競争も死んでしまうからである。

そのうえで大事なのは、社会が多様な価値を認め合うことである。平等とは、決して運動会でみんなを一緒にゴールさせることではない。体育の得意な子も、国語が得意な子も、社会科が得意な子も、算数が得意な子も、みなを同じように価値のあるものだと認め合うことが必要なのである。競争が一つしかない社会は、価値が一つしかない社会である。たしかに、みな同じような意見や価値観を持つ社会は、そうした意見を持つ者にとって生きてゆくのに楽かもしれない。自分の考えを通したいと思うとき、簡単に違う意見を封じることができ、ときには相手を抹殺すれば楽に意思決定できるからだ。それにくらべて、さまざまな意見があって、それをたたかわしながら合意を作ってゆくことは、非常に大きなエネルギーを必要とする。しかし、そういう社会こそ活力がある社会なのである。そして前述したように、複数の価値や競争がある社会の方が、より多様な生き方を尊重でき、さまざまな困難や環境変化があっても適応していくことができる。

しかし、多様性を保つことの意味はそれだけにとどまらない。実は、（もちろん生活の最低保証を確保したうえでのことだが）多様性を保つことが最も平等を保証することになるからである。もし単一の価値規範に基づいて単線上で競争が行われていると、通常言われているように、平等は効率性とたえずトレードオフの関係になり、そのジレンマから抜け出られなくなってしまう。もし、複数の価値規範と複数の競争が存在していれば、人々は互いに比較できない価値を求めて競争をしているので、不平等を感じないですむことになるからだ。筆者の言うセーフティネット論（金子 一九九九a）は、以上のような考え方に基づいてできている。

【引用・参考文献】

五十嵐太郎 二〇〇五、『過防備都市』中公新書ラクレ
金子勝 一九九九a、『セーフティネットの政治経済学』ちくま新書
金子勝 一九九九b、『市場』岩波書店
金子勝 二〇〇〇、『日本再生論〈市場〉対〈政府〉を超えて』NHKブックス
金子勝・児玉龍彦 二〇〇四、『逆システム学　市場と生命のしくみを解き明かす』岩波新書
金子勝・アンドリュー・デウィット 二〇〇五、『メディア危機』NHKブックス
神野直彦・金子勝 一九九九、『「福祉政府」への提言』岩波書店
斎藤貴男 二〇〇五、『安心のファシズム―支配されたがる人々―』岩波新書
アマルティア・セン［池本幸生・野上裕生・佐藤仁訳］一九九九、『不平等の再検討　潜在能力と自由』岩波書店
チャールズ・ダーウィン［吉岡晶子訳］一九九七、『リチャード・リーキー編　新版 図説種の起源』東京書籍
中西準子 二〇〇四、『環境リスク学―不安の海の羅針盤』日本評論社
ウィリッヒ・ベック［東廉・伊藤美登里訳］一九八六、『危険社会』法政大学出版局
ジョン・ロールズ［田中成明・亀本洋・平井亮輔訳］二〇〇四、『公正としての正義 再説』岩波書店
「特集リスクと社会」二〇〇五、『思想』七月号

第8章
リスクを分かち合える社会は可能か ～リスク論の環境倫理による問い直し～

鬼頭　秀一

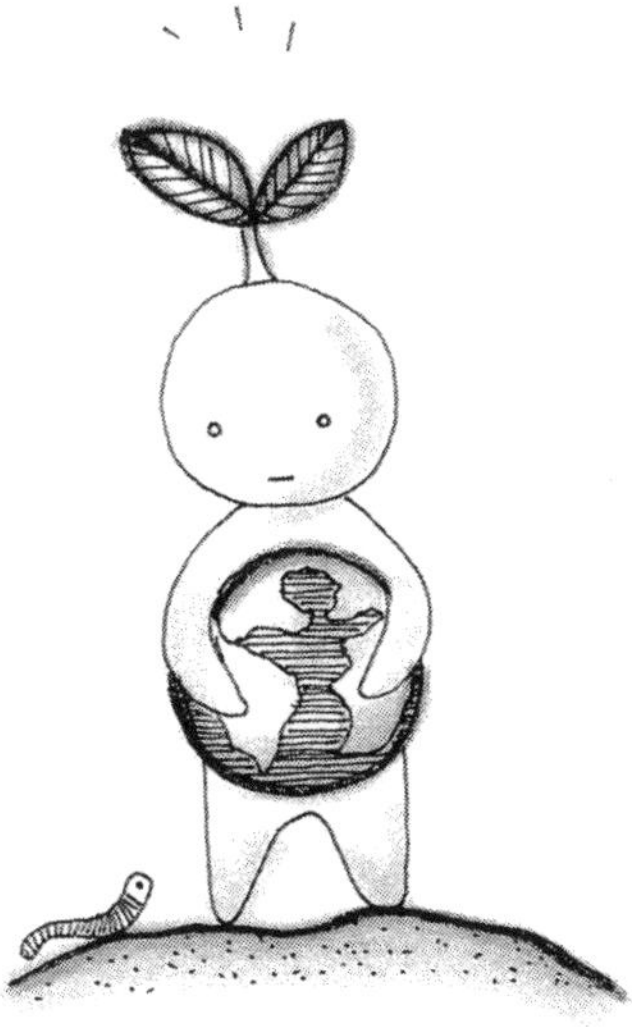

はじめに

私たちは自然の脅威と向かい合わせで生きている。これは、太古から基本的には同じである。しかし、一方で、理念的には近代以降、そして、実質的には産業革命以後、今までは人間にとってやっかいで、宥《なだ》めつつ、諦めつつ対応せざるを得なかった「自然」を支配し、コントロールしていくことを是とし、眩《まばゆ》いほどの科学技術の「進展」はそれを可能にするのではないかと錯覚するに十分な状況が現出した。しかし、少し振り返ってみれば直ちにわかるように、台風や水害、地震、津波といったごく日常的に降りかかる災害に対して、それを根本的に回避し、無化できるほどの技術を私たちは持ち合わせていない。自然の災禍は、相変わらず私たちを脅かし続けている。自然はリスクとして存在し続けている。人間にとって、自然の「脅威」からの「安全」の確保は、自然との本源的な関係なのである。

そもそも、人間は自然の「脅威」から無防備な形で存在している。早産で生まれてくることが、人間の後天的な文化的なものを発達させた反面、「危険」をあえて犯さないと再生産できない構造的な問題を内包することになったし、一方で、「安全」の確保のために、道具を使い、「技術」を発展させるという、これまた、人間存在の本源的なあり方の構造がここで招来してくるのである。しかし、だからといって「自然」に適応し、宥め、場合によっては諦める「技術」と、「自然」を支配し、コントロールしようとする「技術」は、同じように自然の脅威からの安全の確保のために人間が発達させてきたものだが、究極的な目的が同じであっても、その根本的な性格は明確に異なる。

前者の「自然」に適応し宥める技術においては、自然の災害などのリスクは絶えず認識されつつ対応が行われたが、後者の「自然」を支配しようとする技術においては、「自然」のリスクそのものがなくなることが究極の目的となった。実際、暴れ川の洪水のように、それまでは恒常的に存在していた比較的軽い災害は駆逐され、われわれは、科学技術によって安全な場所が確保され、「自然」のリスクなどなくなったような錯覚さえ持ってきてしまっている。

しかし、すべての自然の災害が駆逐されようもないのは明らかである。われわれの技術では対応できる範囲を越えた災害が起こると、ものの無残に何もできなくなる。二〇〇四年の中越の地震や、台風や集中豪雨による水害を見るにつけ、かつては、たとえば社蔵米のように恒常的に食料の確保がなされるなど、それなりの備えがあったわけだが、現在では、ダムや可動堰など科学技術による「安全」の確保の状況の中で、そのような洪水などの水害に対して蓄積されてきたさまざまな知恵は忘れ去られ、大きな災害があったときに、極端に被害が甚大になり、私たちは何も為す術もなく、呆然《ぼうぜん》として佇《たたず》むほかはないようなところに追い込まれている。

そのことをどう考えたらいいのか、私たちは「自然」のリスクに対してはどのように振る舞うべきなのか、「安全」ということをどう考え、その確保をどのように行っていったらいいのか、このことを本章で考えてみたい。

1　「安全」「リスク」と「社会」

（1）「快適さ」「利便性」の追求が生み出した人工物のリスク

科学技術は、「自然」のリスクを回避し、さらには、「快適さ」を確保し、「利便性」を追求するような形で「発展」してきたように考えられている。しかし、その関係は簡単ではない。「安全」の確保は、必ずしも「快適さ」や「利便性」の追求を意味しない。現在のような大量生産大量消費社会の場合、「安全」からかけ離れた「快適さ」も多く存在する。たとえば合成洗剤のシャンプーなどはその典型な例であろう。「快適さ」だけが自己増殖的に肥大している。もっとも、消費者が本当にその種の「快適さ」を求めているわけではないし、それがなければ生きていけないということではない。「大量生産大量消費社会」という社会システムがその構造を生み出しているのである。さらに、自動車などのような人工物に見られるように、「快適さ」や「利便性」が新たなリスクを生み出してしまっている。

「快適さ」や「利便性」の追求は、今までの「自然」のリスクとはまったく違う種類の人工物のリスクを生み出した。その種のリスクは、自然のリスクと異なり、ある種の便益性との対比の中で、あえて私たちがそのリスクを引き受けているとも言える。そう考えると、私たちはリスクと便益を勘案して行動していることになる。そうなると、リスクを引き受けつつ便益を受けているのだから、そのリスクは「自己責任」ということになる。

（2）リスクの自己責任論の見落とした「社会」への視座

しかし、同じ自動車でも、運転してその便益を得ている人間にとってはリスクと便益は勘案して選択することはできるが、自動車の危険にさらされている歩行者は必ずしもその選択権はない。つまり、個人のレベルでリスクと便益を自由に選択しているように見えても、便益とリスクは、すべての人に平等に分配されていないことになる。特に、絶対に自動車を利用しない歩行者にとっては、便益がないにもかかわらずリスクだけを引き受けざるを得ない状況にある。一方、自動車は「安全」の確保に関わらない「快適さ」や「利便性」の追求だけを行っているかというと、必ずしもそうとは言えない部分もある。障害者や高齢者にとっての「安全」の確保にも重要な役割もしている。

それゆえ、この種の人工物のリスクと便益の選択を考えたとき、孤立した個の選択の問題に還元し、自己責任論の問題として捉えることには限界がある。公共交通機関の整備などのより大きな社会的政策の中で、リスクと便益の再配分を含めた理解をすることが不可欠になり、この種の人工物のリスクの問題は社会的な問題だと言うことができる。さらに、原子力発電所などのリスクの問題を考えると、自宅の屋根に太陽光発電を設置しない限り、電力という便益を得るために、どのような種類の電気を使うのかは、個人としては選択できない。ましてや、その発電に伴う危険性、将来世代に対する影響も含めたリスクに関しては、個として選択することができない。この問題は、社会の中でそのようなリスクと便益をどのように捉えられ、位置づけられているのかというようなことであり、私たちがそれに関わるどのような社会のあり方を選ぶかという社会の選択の領域になる。

(3)「安全」の確保のための技術の多義性

一方で、災害という点でよく話題になる治水の問題は、「快適さ」や「利便性」にもっとも遠い問題である。さまざまな堰《せき》やダムの目的は、基本的には水害からの「安全」の確保であった。害虫からの被害からの「安全」の確保ということでは、一時期の農薬もそのような種類の技術であると位置づけられる。

この場合、「安全」の確保のための技術の方向性は一つではないことに注意すべきである。治水の問題を解決し「安全」を図ろうとしたとき、現在まだ主流の技術であるダムや、あるいは、コンピュータ制御の可動堰というのも一つの選択ではある。しかし、ダムや可動堰は、流域のマイナー・サブシステンスも含めた漁業的な営みに大きく影響を与え、多くの地域ではその豊かさを失うことになった。また、地域住民の人たちの水辺空間の喪失という新たな問題も引き起こしてきている。そのような状況の中で、治水に関する「安全」の確保のための技術の方向性が問われている。

大熊孝は、治水に対する「安全」の確保のための技術の方向性はもっと多義的であることを論じている。たとえば「石積みの堰」という伝統的な技術の選択も現在では一つの大きな可能性がある。日本の多くの川では、もともと伝統的な「石積みの堰」があった。この堰では、増水して洪水が起こると石が崩れることにより、大きな災害を防止する役割をしていた。しかし、石が崩れた後の補修作業の労力は大変なもので、危険性も伴った。その労苦や危険性を回避するために、近代以降、多くの川で、ダムや可動堰などが計画されてきた。しかし、大熊が指摘するように、現在のさまざまなハイテクなどがあれば、その労苦や危険性は別の形で回避可能である。たとえば、パワーショベルで補修作業をすることもできるし、場合によってはロボットによりその作業を代替することも可能である。九州の矢部川の松原堰の改修にあたって、大熊はそのような提案もしていた。しかし、その提案は受け入れられず、現在では、ゴムのラバー堰に造り替えられてしまい、生態系の観点からも景観の観点からも問題を残してしまった。さらに、もっと重要なことでは、この堰に対して、地域住民の素人の人たちが関われなくなってしまった。人工物のコンクリートやラバーで堰やダムを造ることは、かつては、人間の労苦や危険性からの解放という点で、「安全」の確保という点で、唯一の解答であり、その効果は、まさに「科学の勝利」であった。しかし、現在では、川に関わる多様な側面を考えたとき、技術の方向性はもっと多義的であることを考えるべきであろう。

(4) 技術とリスクの選択は社会的問題

その多義的な技術の方向性から、ある技術を選択するのは社会の側である。リスクを回避し「安全」を確保することは社会的な問題なのである。農薬などの技術は、治水技術のように大きな政策的、制度的な対応が必ずしも必要なく、農家個人の判断で対応可能であるような技術であり、治水技術以上に多義的であり、多様な試みがなされている。「安全」を確保する技術は、技術により回避できない

「リスク」や、技術自体の「リスク」との関係の中で、絶えず選択されているのであり、その方向性は一義的に決まらない。それゆえ、「安全」の確保は政策と不可分である。社会構造の変化（技術の社会化）により「安全」の確保が必要な状況が創り出されることもある。また、逆に、「安全」の確保のために、新たな技術を創り出すのではなく、社会構造の変化を政策的に変更するという選択肢もある。人工物、技術は、社会抜きに、リスク分析やリスク・マネジメントをすることはできない。

「安全」の確保、リスクの回避ということが、社会的な問題であるとして、それはどのような形で可能なのだろうか。一方で、ゼロリスクという問題があり、多くの人たちがそれを求めているという現状もある。リスクを社会の中でどう受け止めるのかを真摯《しんし》に考えたとき、この「ゼロリスク」と「信頼」の問題を検討しなければならない。その作業に先立ち、社会心理学で論じられてきたことを検討することから、根底にある問題を摘出してみたい。

2　リスクと「信頼」

(1)　リスクの性質の構造的分類

スロビックたちは、リスクの性質について九つの評定をしており、このことは、中谷内一也等、リスクの社会心理学で大きく取り上げられている。ここでは、リスクということを、より広く評価していくために、この評定の仕方を再検討して、リスクの性質によってどのような対応を私たちがすべきなのか考えてみたい。スロビックたちの九つの項目は以下の通りである。

1 自発性――自発的にリスクのある状況に関わっているか
2 影響の即時性――それによる死のリスクはどの程度すぐにやってくるのか
3 リスクについての知識――リスクにさらされている人自身がそのリスクについて知っているのか
4 リスクについての知識――そのリスクが科学的にどの程度分かっているか
5 制御可能性――さらされている人が自らの技能でどの程度避けられるか
6 新しさ――そのリスクは新奇なものはすでに知られているものか
7 慢性―急性の大惨事――そのリスクによって一人だけか多くの人が死ぬのか
8 恐ろしさ――人が冷静でいられるのか、恐ろしさを感じるものか
9 結果の致死性――そのリスクによってどの位死ぬ可能性があるのか

この九つの評定をリスクの構造的な性質の点から三つに新たに分類し直してみる。

①リスクの個人のレベルにおける「可視性」、「制御可能性」

「見える」すなわち「制御可能」か、あるいは、「見えない」すなわち「制御不可能か」という問題があり、右の3と5はそれに関わっている。そして、そのリスクに対して自発的に対応できるか、あ

るいは自発的に対応不可能かという問題の軸もあり、右の1と8はそれに対応する。ゼロリスクに関わって言えば、見えないから、制御できないからゼロリスクを求めるという人間の指向はあるだろう。つまり、「見える技術」、「見えない技術」ということをここで考えなければならない。また、リスクと信頼の構造ということもここに関わっている。

②リスク自体の性質としての「不確実性」

右の4と6がこれに関わっている。根源的な不確実性を回避したいからゼロリスクを求めるという人間の指向がある。これに関しては、後に見るように、「科学技術の根源的不確実性」と「予防原則」という問題を関連して考えねばならない。

③リスクの「影響の度合い」

リスクの影響の度合いとして、時間（即時性）と空間（範囲）、程度（致死性）の側面から考えてみる必要性があり、右の2と7と9がこれに対応する。また、①のところでも出てきた「見える技術」と「見えない技術」という問題もこれに関わっている。自動車の「リスク」と化学物質の「リスク」の違いということもこれに関連して考える必要性がある。特に、化学物質に関して人々がゼロリスクを求める意味について検討せねばならない。見える「リスク」と見えない「リスク」ということで言えば、見える「リスク」は自発性があり制御可能であり、見えない「リスク」は自発性がなく制御不可能だということが言え、自動車の「リスク」と化学物質の「リスク」を単純に一緒にできないという根拠になる。もっとも、自動車などの可視的な技術もある意味で不可視である。実際、最近の自動車は特に、ブラックボックス化が激しく、リスク認識を等身大で行うのは至難の技である。この問題は、巨大技術と等身大の技術という問題を招来する。システム自体のブラックボックス化、つまり、制御不可能なシステムか、ブラックボックス化したコンパートメントの集合体としての制御可能なシステムかという形で考えてみることも一つの方向性としてあるだろう。

以上、スロビックたちのリスクの評定の仕方が、三つの構造的な性質として整理できた。その性質をもとに、リスクと信頼、ゼロリスクの問題について論じてみたい。

(2) 「ゼロリスク」の構造——自然のリスクの場合

いま、私たちの社会の中ではゼロリスクを求める傾向が強い。「安全」に少しでも抵触すると非常に過激なことも平気でやってしまう。たとえば、二〇〇四年は特に本州部で、クマの問題が大きくクローズアップされた。今までになく、人家に近くツキノワグマが出没したのである。原因は必ずしも明らかではないが、ドングリ類などの山の恵みが少なく人家に出るようになったということも言われたし、奥山と里とのバッファー部分であった里山の放置によって、人との接触がより多くなったのだとも言われた。この問題が起こる前から野生生物管理に積極的に取り組んできた地域では適切な対応が行われたが、多くの地域では深刻な問題を引き起こした。今までクマの保護が叫ばれていたにもかかわらず、いったん、クマが学校の近くに出没し、また、人家の近くに出ると、子供の「安全」の確保という名目で、簡単に射殺されてしまう例も多かった。野生生物などの「自然」と関わりつきあうことは、ある意味では、ある程度のリスクもあるはずなのであるが、多くの人々は、ここで、ゼロリスクを求めたのである。しかし、野生生物などの「自然」とのつきあいにおいて、ゼロリスクを求めることは、人間が「自然」を完全に支配下に収め、コントロールするということであり、自然をある程度「自然」のままに保護しようという環境保護の考え方と明らかに矛盾する。自然との関わりをある程度取り戻したいという、近年特に高まっている人々の思いは、危害を加える可能性のある動植物をすべて排除した形での、完全にコントロールされた、ある意味では、人工的な「自然」との関わりを意味しているわけではないはずである。

しかし、なぜ、人々は「ゼロリスク」を求めるのであろうか。それは、「自然」に対する知識がなく、不安に思うからではないだろうか。クマに関わる知識、また、あるいは、クマとうまく共存する知恵など、リスクも含めた「自然」に関する知識を人々が体得し、可愛《かわい》く思う気持ちや畏敬の念だけでなく、リスクも含めたクマとの恒常的な関係があってこそ、はじめて、不安から逃れられる。北海道では、本州のツキノワグマとは比較にならないくらい危険なヒグマと共存しながら暮らしている人たちは大勢いるのである。

野生生物や、「自然」との関係において、「ゼロリスク」を求めることは、それだけ、野生生物や「自然」とのつきあい方を知らないことの裏返しの「不安」である。リスクをある程度受け入れながら、「自然」とつきあうことは、前のリスクの三つの性質で言えば、①「制御可能性」を獲得し、リスクが見えるように、その地域の人々に体得され、また、それが、歴史の中でその地域に伝えられるような、ある種の知恵が必要であることを意味するし、②科学的にも不確実性の高い、生態系やそこに住む野生生物とうまく関わりを持つあり方も、そこには必要なのである。そのことが、③「リスクの影響の度合い」を、ある程度理解しつつ、リスクと向き合うことにもなる。

（3）「ゼロリスク」の構造――人工物のリスクの場合

自然物のリスクとのつきあいは、その地域で長年にわたって関わってきた人たちの知恵こそが有効であるわけだが、人工物のリスクの場合はどうであろうか。そこにおける、「不安」を解消し、「信頼」を得るようなつきあい方はあるのだろうか。

人工物の場合でも、基本的には事態は同じである。そもそも、「道具」という人工物を造って「自然」に適応し、宥めていくようなあり方こそが、人間の本性であったと言ってもいいくらい、道具という人工物の発明は重要であった。人工物を造ることは一方では「自然」からの「安全」を確保し、そのリスクを軽減するのに不可欠であったが、一方で、人工物は新たなリスクを作り出す。ここで導入される人工物が意味あるためには、原理的には、人工物のリスクの方が回避されるべき「自然」のリスクよりも明らかに小さいか、より甘受できるものであるかということであろう。しかし、新たに導入される人工物のリスクは、その時点では、必ずしも明らかではない。後で分かる場合も少なくない。リスクは、前の三つの性質を鑑《かんが》みて、①制御可能なのかどうか、「見えるリスク」があるのかどうか、②科学的に不確実性が高いのかどうか、③リスクの影響の度合いがどの程度大きいのか、そのよう点が、新たに導入される人工物が、信頼を持って受け入れることができるのかどうかの基準になるだろう。

近代以前に導入された人工物の場合、③概《おおむ》ねリスクの影響力が少ないものが多く、技術が人間の身体的な経験など直接関わり、そのために、①リスクも経験的に感覚しやすいものであることが多かったと思われる。もちろん、②そのリスクの持つ不確実性は、ある意味ではいかんともしがたい部分はあるが、多くの人工物の場合、長い経験の中で飼い馴らされ、その中である程度の信頼を得るに至っていたと考えられる。

しかし、近代以後に科学技術により導入された人工物は、③リスクの影響力は時間的にも空間的にも大きくなってきている。巨大な構造物は、生態系により多くの影響を与え、化学物質は、空間的にも拡がりがある影響力を持ち、また、その影響力は、長期間にわたっている。放射線の影響に至っては、感覚的にも掴《つか》みにくく、また、遺伝的な影響まで射程に入れると、人間が時間的にも考えられる範囲を越えている。さらに、構造物の大きさが、人が一挙に把握する範囲を越えれば、必然的に①見えなくなり、制御可能性が低くなる。化学物質のような人工物は「見えない」技術の典型であろう。その結果、その人工物が持っている②科学的不確実性は、経験によって、飼い馴らすことが難しいものになってきた。その人工物に対する「信頼」を経験によって得ることが困難になってきたのである。

しかし、それにもかかわらず、私たちは科学技術による新たな人工物に対してもある種の信頼を置いてきた。その「信頼」を支えるものは何であったのだろうか。それは、「科学」自体への「信頼」であったのではないだろうか。人間の個人のレベルでは、①見えないものになり、③影響力も空間的にも時間的にも大きなものになってきたものの、「科学」自体が、絶対的な安全性を保障してくれるのであれば、個人レベルでは安心していられる。②科学的不確実性は確かに絶えずあるものの、「科学」への「信頼」によって、心理的には回避されてきた。

科学技術に対する不安は、近代以降どの時代にも根強く一部では存在し続けたが、それがより広範な大きな問題になったのは、やはり、一九六〇～七〇年代の公害の時代になってからであろう。そこでは、「公害」という形で、科学技術による人工物のリスクが甚大であることが表面化し、「科学」への「信頼」が一挙に冷え込んだ。その中で、科学技術による新たな人工物に対して「ゼロリスク」を求める声は力を増したし、それは一定の説得力を持った。

(4)「ゼロリスク」の克服と科学技術の社会的関係

とはいえ、そもそも、原理的に言って「ゼロリスク」はあり得ない。当然のことながら、たとえ人工物を否定しても「自然」とどう向き合うのか、そのリスクをどう受け入れるのかという問題は残るのである。また、人間が出現してから人工物を作り出しながら「自然」の「リスク」を回避してきた歴史を踏まえて考えると、その営みを否定するわけにはいかない。問題はリスクをゼロにしなければならないということではない。回避されたリスクと新たに人工物の導入で生じたリスクの比較の中で、私たちがその人工物をどう評価するのかということなのである。

それゆえ、昨今では、「ゼロリスク」ではなく、「リスクの評価」こそが重要だということになり、リスク分析ということが重要視されるようになった。「信頼」ということも、「科学」に対して絶対的な「信頼」を持ち得ないことが明らかになると、リスク・コミュニケーションという過程の中で、それをどう受け入れて、「信頼」を新たに形成していくのかということが問題となった。かくして、リスク分析とリスク・コミュニケーションを含めたリスク・マネジメントという新しい時代の中で、問題を受け止めていくことになった。

しかし、科学技術と私たちの社会的な関係を変えない限り、リスク・マネジメントは、問題の本質を解決するわけではない。個として科学技術と向き合うような社会関係の中では、その科学技術によるリスクの③影響力は大きいままだし、個のレベルでは、リスクは①見えないままである。リスクに関する②科学技術の不確実性はなくなるわけではない。リスク・マネジメントは、リスクとベネフィットやコストの間の中で、何らかの納得の作業を行うにすぎない。リスクに関わる科学的リテラシーを獲得することにより、「科学」に対する完全なる「信頼」を得なくても、自ら「納得」し、他者に対して「説得」する論理を構築することでしかない。

問題を根本のところから解決するためには、１節で述べてきた、自然の「リスク」に対する回避のための技術の方向性は多義的であり、現在流通している科学技術の方向性が唯一ではないということが一つの鍵となる。新たに導入すべき人工物のリスクに関しても、同様に、複数の解決の方向が存在するのである。それゆえ、人工物のリスクを、より広範な形で評価しつつ、その中でどのように技術を発展させるべきか考えていく必要性がある。そして、もっと重要なことは、リスクの三つの性質に関わる問題を鑑みたとき、私たちが、単なる個としてではなく、社会的関係の中で、どのような形で技術に対する「信頼」を構築していくのかということが、新たな技術を選択する視点として必要なのである。その意味では、新たな人工物を導入する技術に関して、リスクの三つの性質に関わる問題をそのままにして、それに対するリスク分析やリスク・コミュニケーションを行って「納得」や「説得」を可能にしていくやり方ではなく、「信頼」を確保するために、リスクの三つの性質に関わる問題を、リスクを受け入れることができるような形にしていくことができるような、科学技術のあり方を構想していくことこそが、今後考えていくべきことではないだろうか。

3　リスクを分かち合える社会に向けて

(1)「リスクを引き受ける」ことと「信頼」

ここで、前節で論じた「信頼」と「リスク」の関係について、簡単にまとめておきたい。「信頼」がないときには「ゼロリスク」を要求する構造が出現するが、逆に言えば、「信頼」があるときには「リスク」を甘受できるということにもなる。別の言い方をすれば、「リスク」を甘受し、引き受けることができることこそが、その技術に対する「信頼」であるということが言えよう。そして、私たちがいまここで考えなければならないのは、「信頼」のある技術を希求すること、つまり、「リスクを引き受ける」ことを可能にするためにはどのような技術であればいいのかということである。

（2）「自然」に関する「ゼロリスク」の社会的構造

「リスクを引き受ける」ということについて、異論があるかもしれない。しかし、今まで論じてきたように、「ゼロリスク」ということはあり得ない。それが「自然」の「リスク」であろうと、それを回避するために導入された人工物の「リスク」であろうと、私たちは、いずれにしても、何らかの「リスク」を受け入れることを余儀なくされている。人工物の「リスク」を強調し、人工物を排除することによって「ゼロリスク」を実現しようとする人たちもいるが、その考え方は、「自然」に「リスク」がないことを前提にしている。それは、「自然」に対する一面的な依存であり、一種の自然信仰である。むしろ、「ゼロリスク」があり得るように考えることこそが、科学技術の恩恵の中で、まるで、「科学」による解決可能性を信じて疑わない、つまり、絶対的な「科学」への盲従なのであり、「科学信仰」ボケというか、人間と自然との関係の中で見るべきものを見えなくされてしまったと考えるべきなのである。「ゼロリスク」の政治性、社会心理が多く論じられているが、むしろ「ゼロリスク」を支えている構造を明らかにし、それを越えていくことが必要である。「ゼロリスクはあり得ない」ということは、「自然」像や科学技術に対する考え方の根本的な転換を意味しているのである。

そもそも、「自然」は脅威でもあり、「自然」をまもることと、人間の安全性の追求は矛盾する場合もあることは当たり前であったはずであった。しかし、環境倫理における人間非中心主義に見られるように、「自然」をそのままの形で「保存」することが、何の躊躇《ためら》いもなく主張された。しかし、そのような主張は、ときとして、人権の問題とも衝突した。たとえば、「健全な」「自然」に対する素朴な信仰は、往々にして、さまざまな被曝による遺伝的障害を排除する論理にも転換し得た。実際、一九八〇年代の反原発運動において、放射線の被曝の遺伝的な影響の問題をことさら重視し、それを回避していく論理が、ときとして、優生思想につながってしまう危険性が指摘された。実際、予防医学と優生学を重視した極度の遺伝管理社会であったナチズムは一方で、エコトピア的な思潮と政策的な試みも行っていたことも忘れてはならない。災害などの脅威などのさまざまなリスクを無視した形でまもるべき「健全な」「自然」を想定するのではなく、リスクも含めた「自然」との関係性の中で問題を捉えることが必要なのである。

(3) 科学技術の根源的不確実性

そもそも、科学技術の特質を考えてみると、「工学」における「設計」の思想のように、本来、人間の技術というのは、限定的な合理性の中でしか存在し得ない。根源的な情報の不確実性の中で、人工物を「設計」していくということの中に、技術の本義がある。それゆえ、科学技術に関しては根源的不確実性を前提として考えるべきであるし、二一世紀の現代は、まさに、科学技術の根源的不確実性の中でも、何らかの意思決定、政策決定せねばならないという新しい時代にあるのだという意識が必要であろう。

科学技術の不確実性についてもう少し考えてみたい。科学技術には構造的不確実性がある。そもそも、科学技術の探求において、状況依存性があり、何らかの理論的な枠組みの中にでしか研究が遂行されないという科学哲学的な問題がある。これは、科学知識のフレーミングの問題とも言える。そして、科学的なシミュレーションを行うにしても、パラメータの取り方によって、結果が異なってくる。これは、特に、撹乱《かくらん》要因をどう考慮するかということで違ってくる。撹乱要因を別のパラメータでとれば別の理論体系を立てることも構造上は可能であり、その意味で、どの時点でも永遠普遍の確実性を保障することは不可能である。さらに、探究の「時間」の有限性という問題がある。現在起こっていることに関して、あらゆるすべてのデータをとることは、探求のための時間を考慮しても、原理的に不可能である。その意味で、科学技術には、データ不足に還元できないような根源的な不確実性があるのである。

このような科学技術の根源的な不確実性ということを前にしたとき、リスクの三つの性質の②科学の不確実性に対してどのように対応するかという問題が出現する。しかも、この問題は、①「見えるリスク」かどうか、「制御可能なリスク」かどうかという問題や、③「リスクの時間的、空間的な影響の度合い」の問題とも深く関係している。

私たちがリスクを引き受け、「信頼」の構造を構築していくためには、この科学の根源的不確実性の中で、リスクの不確実性を前提に、どのような形でリスクと向き合うのかということを考えなければならない。

（4）科学技術の根源的不確実性を補うもの

一般に、科学の根源的な不確実性の中で、それを補うやり方には、大きく三つある。

①順応的管理

技術的な対応としては、生態系管理で特に行われている順応的管理（adaptive management）というやり方がある。生態系に関する知識を私たちが必ずしも十分持ち合わせていないという根源的な不確実性の問題と、そもそも、生態系を管理するといった場合、生態系自体、現在では、有機体論的に比較的安定性があるようなモデルではなく、より変動が激しく有機体論的な意味での安定性とは異なるような系として考えられていることに拠っている。最初から管理すべき生態系を想定して全面的に設計してやっていくようなやり方ではなく、仮説を立てて、少しずつ手を入れつつ、モニタリングを行いながら、その結果に応じてそのやり方をフィードバックして設計を変更しながら管理をしていくというのが順応的管理である。これは、科学の根源的な不確実性ということを前提としているという意味で、新しい技術的な対応である。

②予防原則

より、広い政策的な対応としては、予防原則がある。予防原則（Precautionary Principle）とは、一九九二年のリオ宣言一五原則に規定されているように、「深刻なまたは回復不可能な損害のおそれがある場合には、科学的な確実性が十分にないことをもって、環境悪化を防止するための費用対効果の大きな対策を延期する理由にしてはならない」という原理である。他にもさまざまな定義があるが、ここでは大竹千代子の定義をとりたい。「潜在的なリスクが存在するというしかるべき理由があり、しかしまだ充分に科学的にその証拠や因果関係が提示されない段階であっても、そのリスクを評価して予防的に（precautionary）対策を探ること。」この場合、いかなる場合に予防原則を発動させるかという条件が問題となる。リオ宣言では、「深刻なまたは回復不可能な損害のおそれがある」というのが条件であるが、そのことは後知恵では簡単に分かるとしても、問題の時点でどう判定するのかということが問題である。その意味で、一見曖昧ではあるが、「潜在的なリスクが存在するというしかるべき理由」という「しかるべき」ということに、意味を見いだしたい。まさに、それは、科学的には決まらず、社会的に何らかの状況の中で「しかるべき」状況が出現するのである。このことを、ＯＳＰＡＲ条約（北東大西洋の海洋環境保護のための条約）等では、予防原則発動の条件としての「合理的根拠（理由）」ということが言われているが、「合理的」ということが、科学に限定されることではない（科学に限定したときには、根源的な科学技術の不確実性に対する対処としては自己矛盾をきたしてしまう）ということが重要である。水俣病の事例のような明確な被害が出ている場合はもちろんそれだけで発動可能である。しかし、あえて科学的な限定で問題を見たとき、水俣病の場合でも、多くの科学者が関わっても、一〇年もの間、熊本大学の研究班の水銀説を否定した理論に対して、狭い意味での科学的厳密性にこだわったために十分に対応できず問題の解決が遅れたことをいま一度考えてみる必要がある。狭い意味での科学的には対応できなかったとしても、社会的にしかるべき対応は十分にできたはずである。その点で、予防原則の発動のためにリスク分析を用いて科学的にのみ対応するやり方には問題が多い。「深刻なまたは回復不可能な損害」が比較衡量可能なリスクである場合は有効であったにせよ、比較衡量不可能な場合は結局、被害に対応することはできない。

③ローカル・ノレッジ

さて、科学技術の根源的不確実性を補うための方策として、今まで述べてきたような、技術的な対応としての順応的管理、政策的対応としての予防原則の他に、「科学知」を「生活知」の集積により補うという、「ローカル・ノレッジ」を重視するあり方を提起してみたい。ローカルな技術的な問題の場合、普遍的、科学的には十分には対応できないにしても、その地域で蓄積された「生活知」のような知識体系、歴史や文化として蓄積された知恵や技術の知識体系、さらには、素人であろうと、多様な人たちが参加することによって解決できる問題がある。これを、ここでは、「生活知の空間的集積」（地域に根ざした間主観的な知）、「生活知の時間的集積」（歴史的、通時的な知）、「生活知の集合的集積」（参加、正義）というように三つの分類でまとめておく。

(5) 科学技術の社会的あり方と「信頼」の確保

私たちが、「信頼」ということを軸に、引き受けられる「リスク」のあり方を考えていった場合、リスクの性質の②「科学技術の不確実性」の問題が、ここで述べたような、技術的対応、政策的対応、さらには、生活知による文化的、社会的対応により解決可能になれば、不確実的で不安の源泉から、引き受けられるような信頼性を獲得できるのではないだろうか。また、①「見えるリスク」、つまり、「制御可能なリスク」か否かという点に関しても、人間の個のレベルでは見えなくとも、当該の地域で蓄積されてきた、生活知の空間的蓄積のようなものとか、歴史的に伝えられてきた、生活知の時間的蓄積のようなものがうまくつなげられるのであれば、集合的な個の、社会的なレベルで、見えるリスク、制御するリスクに変換することが可能ではなかろうか。

つまり、私たちは、問題を科学技術と個の関係に還元して、コミュニケーションの問題に還元してしまうのではなく、社会的なリスクのあり方に転換することにより、「信頼」を確保し、リスクを引き受けることができるような方向性を模索すべきなのである。

問題を社会的なリスクのあり方に転換することは、リスクを単に引き受けるのではなく、その社会の中で、リスクを分かち合い、お互いに相互扶助の中で社会を構築するということにつながっていく。セイフティネットということも、そのような社会的関係のあり方の中で捉えられるべきであろう。そのような、リスクを引き受け、また分かち合えるような社会の構築、そのための精神的な共同性の構築ということが、リスクにどう向き合うのかという点で重要な点ではないだろうか。

(6)　リスクを引き受けられる科学技術のあり方の展望

最後に、リスクの性質の③にあたる、「リスクの影響の度合い」の問題について言及して、本章を閉じたい。

このリスクの時間的、空間的な影響の度合いは、技術の性質に関わるものである。あまりにも巨大になりすぎた技術は、このリスクの時間的、空間的な影響の度合いが大きく、私たちがそのリスクを引き受けるのに躊躇《ためら》ってしまう。私たちが引き受けられるようなレベルの技術のあり方ということが、「信頼」を勝ち得る重要な要素ではないだろうか。

そういう意味では、かつて、伝統的な技術から近代的で普遍的な技術に転換し、結果的に、私たちがそのリスクを引き受けられるレベルを超えてしまったことに鑑み、再び、そのリスクを引き受けられるレベルに転換することが求められている。それには、科学技術の根源的不確実性を補う方策にそれぞれ対応した技術の四つのあり方として性格づけられる。ここに列挙する。(a)普遍性を目指すのではなく、地域性に重点が置かれる多元的な技術（【生活知の空間的集積】）、(b)地域社会の歴史性、文化性を考慮する歴史・文化文脈的な技術（【生活知の時間的集積】）、(c)地域社会の、社会のあり方、合意形成のあり方を考慮する参加型の技術（【生活知の集合的集積】）、(d)完全性を目指すのではなく、不完全性に意味を見いだす開かれた技術（【参加と正義、予防原則、順応的管理】）。以上、こうした新しいタイプの科学技術により、リスクを引き受け、分かち合えるようなあり方が可能になるのである。

(7) 社会的関係の中の「リスク」——戦略的予防原則の可能性

そして、「リスク」は、何より、社会的関係の中ではじめて認識されることをここで強調しておきたい。そこで、前著（『リスクの科学と環境倫理』）で詳細に論じた問題をここに簡単に提示しておきたい。

たとえば、ダイオキシンのリスクを考えた場合、落ち葉を焚いてもダイオキシンが出るという問題がある。落ち葉がある文化としての屋敷林、雑木林、並木道、その景観、風景、環境の価値、環境の豊かさということを考えると、ダイオキシンのリスクと落ち葉のある文化は、一見、トレードオフの関係になる。落ち葉のある文化とダイオキシンのリスクを回避することは、両立不可能に見える。しかし、それをトレードオフの関係で捉えるのではなく、環境をトータルに考える中で、リスクが許容できるだけのトータルの精神文化をどう構築していくのかという問題設定をしていくことが求められているのではないだろうか。まさに、リスクの受忍《がまん》ではないWin-Winの構造をどう構築していくかということが課題である。

そういう意味で、戦略的予防原則の可能性が必要であろう。リスクの文脈依存性を認識しつつ、環境の豊かな価値と、その対極としてのリスクとは、特定の客観的な指標により表され、限定づけられるものではない。より広い社会的な視野も含めた観点から、総合的に捉える必要がある。環境の「価値」や「リスク」は、従来の客観的指標では表現できない。しかし、だからといって、必ずしも、個別的で主観的なものではない。ローカルな地域で、歴史や文化を背負ったものとして、社会的に構成され得るものとして、間主観的なものとして存立している価値であり、リスクである。そういう観点に立ったものとして、戦略的予防原則の可能性を提起しておきたい。予防原則は、「おそれ」に対して無原則に適用できない。予防原則の発動に戦略的な対応が必要なのである。しかし、「深刻なまたは回復不可能な損害」は、原理的に、科学的に明示的に示すことができないし、その一方で、計量不可能な損害は配慮できない。その「しかるべき」の内実として、リスクの社会的文化的関係性を考慮した内実を与えることが必要ではないだろうか。

付記：

本章を校正中に、加藤尚武『新・環境倫理学のすすめ』(丸善ライブラリ、二〇〇五年)が出版され、その中で『講座 応用倫理学講義 2環境』(岩波書店)に所収の拙著論文「リスクの科学と環境倫理」が批判を受けている。第十章の「リスクの科学と決定の倫理」一章まるごと使って、私の論文を引用し、その議論をていねいに辿って批判している割には、有効な批判ではなく、いろんな誤解に基づいている。そのため、上記の拙著論文の続編でもある本章を併読していただければ、読者の方々には、概ねの誤解は解けるのではないかと思う。出版を急いでおられる編者と出版社には大変申し訳ないが、簡単な反批判をここに、「付記」として掲載しておく。

加藤は中西環境リスク論に対する私の批判が有効でないと断ずる。その理由を、「価値・効用・リスクの質が、一般的な意味で多元的であるから、それらの比較をすれば間違いになるという批判は無意味である。等質的な価値の間での比較は可能だからである」(一六九頁)と説明する。そして、「安全に関する情報は等質的」(一六九頁)とし、「リスクを比較するとき、損失余命で比較することは、理論的に見て等質的なものの比較であるから正当であり、(中略)、適切でありまた必要な比較である」(一七〇頁)と続ける。「安全を犠牲にして、命を短くしても、守らなくてはならない価値は確かに存在する。確かに、生きているということと、生きていることで受け取る価値（善さ）とは、比較ができない面を含んでいる。」（一六九頁）、しかし、『関係の多様性』が、私に『あれかこれか』を強いる。しかし、その選択が可能であるためには、まず中西が掲げるような、損失余命の比較データが必要であって、それなしに私は決定を下すことができない」（一七〇頁）と言う。

おそらく、「安全」を加藤が想定している狭い意味で使い、「安全」に対する選択のあり方を、個人のレベルに限定して考えるのであれば、この加藤の議論は部分的には正当であろう。しかし、一般に、環境に関わる政策的決定においては、等質でないような「安全」を何らかの形で比較しなければならない。特に、社会的に議論が分かれるような政策的課題ではそのような「安全」が問題になっている。また、環境リスク論は、そもそも、個人のレベルでの選択ではなく、社会的な政策決定に使われることを企図しているのである。たとえば、原子力発電を選択するのか、火力発電を選択するのか、水力発電を選択するのか、風力発電を選択するのかという社会的政策の設定の場合、社会に対する「安全」の問題は、さまざまなレベルにわたっている。放射能汚染という目に見えず影響の範囲が広く、次世代にもわたる人体への影響や生態系への影響というものから、大気汚染の健康に対する影響、発生する炭酸ガスに起因する地球温暖化に起因する問題、河川流域の生態系破壊と人との関わりの破壊に起因する「安全」の消失、周辺の騒音という住居環境における安全性から、バードストライクに起因する渡り鳥を中心とした野鳥の被害に起因する安全性まで、多様である。この政策決定における選択は、等価な安全性を科学技術的な評価だけで選択できるものではない。中西環境リスク論の重要なところは、このような問題に対しても、損失余命という人間への影響、種の絶滅等、生態系への影響、そして、経済的影響も含めた費用便益評価等々も含めて、あまねくすべての要因を、何らかの一元的な比較可能な軸を設定して評価し、政策決定に役立てようという野心的な試みなのである。もともと社会的な問題であり、社会的、あるいは、歴史的、文化的文脈が濃厚な問題に対しても、この環境リスク論が有効だと主張するところに、この理論の普遍的な意味がある。

加藤の批判のように、中西環境リスク論を、等質で比較可能な問題に限定して、しかも、個人の意思決定に押し込めてしまうことは、その普遍理論としての野心的な試みという位置づけを貶《おとし》めるものではないだろうか。加藤が事例として想定し説明しているのが、いずれも、医療での個人の意思決定であり、安楽死の問題であることも、問題の本質を捉え損なう原因になっている。

そして、もっと重要なことは、加藤が限定して論じている事例の、一般には等質だと思われる化学物質等の安全の問題でさえ、中西環境リスク論では、純粋な科学技術的なレベルでの安全性に限定して考えていないのである。そこではリスク対コストを顧慮した比較を行っている。科学技術的な安全性のデータは、ある条件下では比較可能なデータとして取り扱うこともできるが、経済コストの問題は、社会設計の問題と深く結びついており、私たちがどのような社会をつくっていきたいのかという問題と無関係に評価できない。社会設定の問題も含めたリスクの問題をどう捉えるのかは、本章の主題でもあり、その議論を見ていただきたい。

「リスク対リスクの関係では決定不可能に陥ることは許されないのだから、『社会的リンク論』に立てばどういう決定の根拠が成り立つのかを説明しなければ、中西批判としては不適切である。私は『社会的リンク論』とは、不特定多数の社会集団との利害関係を暗示する言葉だから、優柔不断の別名にしかならないと思う」（一七五頁）という議論が根本的に問題なのは、リスク対リスクの関係でも、環境リスク論は、唯一解は提示できないということである。「政府（および何らかの公共機関）が、危険に関する情報を告知」（一七一頁）することは当然だとして、その上で、どのような政策決定するのかということは、行政機関が専門家の提示する情報だけで、パターナリスティックに決定することは問題であるし、情報を公開して多数決原理で決めることでもない、また、現在広範に設置されている協議会形式の討議的空間の中の議論だけで決められるものでもない。しかし、何らかの政策決定のあり方は模索していかねばならない。社会的リンク論は、社会設計の問題に開かれた議論であり、必ずしも不特定多数の社会集団との利害関係を暗示しているものではない。社会的リンク論はそれだけでは不十分にしても有効性を持っていると考えている。

予防原則について、加藤は以下のように指摘する。「予防」の問題は、「日本での『予防原則』(precautionary principle) という言葉の解釈を見ていると、『予防』(prevention) の意味で解釈されていることが分かる。鬼頭は『予防的に対策を探ること』(同書、一三〇頁) を支持している。」（一七二頁）この指摘は「予防」ということに関わるさまざまな文脈を誤って解釈している。ここで「支持している」と言われているのは、大竹千代子の予防原則の定義である。しかし、大竹は、加藤自身がその中で論じているように（一七三頁）、precaution と prevention の区別に厳密に区別した上で、予防原則の定義をしている。「予防的に対策を探る」における「予防」は「prevention」ではなく、「precaution」の意味で用いられた定義であるのは、大竹の本を見れば明らかである。彼女は、未然防止（prevention）を原因が明確で対処法がある場合に限定し、原因が必ずしも明らかでなく、対処法も明確でない場合に、予防（precaution）として、区別している。これは、加藤の定義にほぼ一致するが、加藤が「用心」（precaution）に留まっているのに対して、原因が不明確であって、明確な対処法が取れない場合にも、何らかの方策を取るという積極的な意味で用いられていることに、その真意がある。

「実際に決定を下すということは、私に知られている要因のどれかを視野に入れて、他の要因を視野の外に置くということである。決定には、存在する要因の省略がつきまとう。その省略の仕方について不服を述べれば切りがない。通常の個人生活では、判断を保留して、判断そのものの熟成を待つという仕方が望ましい。そして未決定の状態を判断に対して中立的だと評価している。リスクの科学的評価では、そのような中立的な状況が存在しない」（一七五頁）と加藤が言うのは、部分的には正しい。しかし、リスクの科学的評価では「判断を保留して、判断そのものの熟成を待つ」ことが不可能だと言うが、「存在する要因の省略」は一時的に必要であっても、あくまで、「省略」を意識しつつ、状況の社会的文脈の中では、それをいつでも復活させる用意をしておくことが必要であり、「そのような中立的な状況が存在しない」という形で、いったん視野の外に置いた要因を切り捨てることを意味しない。

【参考文献】

池田三郎・酒井康広・多和田眞編著 二〇〇四、『リスク、環境および経済』勁草書房

大熊孝 二〇〇四、『技術にも自治がある―治水技術の伝統と近代』農文協

大竹千代子・東賢一 二〇〇五、『予防原則』合同出版

鬼頭秀一 一九九六、『自然保護を問いなおす―環境倫理とネットワーク』筑摩書房

鬼頭秀一 二〇〇四、「リスクの科学と環境倫理」丸山徳次編『講座 応用倫理学講義 2環境』岩波書店

成元哲 二〇〇一、「モラル・プロテストとしての環境運動―ダイオキシン問題に係わるある農家の自己アイデンティティ」長谷川公一編『環境運動と政策のダイナミズム』有斐閣

中西準子 一九九五、『環境リスク論―技術論からみた政策提言』岩波書店

中西準子 二〇〇四、『環境リスク学―不安の海の羅針盤』日本評論社

中西準子・蒲生昌志・岸本充生・宮本健一編 二〇〇三、『環境リスクマネジメントハンドブック』朝倉書店

中西準子・益永茂樹・松田裕之編 二〇〇三、『演習 環境リスクを計算する』岩波書店

中谷内一也 二〇〇三、『環境リスク心理学』ナカニシヤ出版

中谷内一也 二〇〇四、『ゼロリスク評価の心理学』ナカニシヤ出版

日本リスク学会編 二〇〇〇、『リスク学事典』TBSブリタニカ

土方透・アルミン・ナセヒ 二〇〇二、『リスク―制御のパラドクス』新泉社

平川秀幸 一九九九「リスク社会における科学と政治の条件―〝対抗的科学〟の構築に向けて」『科学』六九巻三号

ウルリッヒ・ベック［東廉・伊藤美登里訳］一九九八、『危険社会―新しい近代への道』法政大学出版局

山岸俊男 一九九八、『信頼の構造―こころと社会の進化ゲーム』東京大学出版会

山口節郎 二〇〇二、『現代社会のゆらぎとリスク』新曜社

吉川肇子 一九九九、『リスク・コミュニケーション―相互理解とよりよい意思決定をめざして』福村出版

吉川肇子 二〇〇〇、『リスクとつきあう―危険な時代のコミュニケーション』有斐閣

『情況』二〇〇二、（「科学技術とリスク論」特集号）一・二月号

『科学』二〇〇二、(「環境・健康とリスク―何が課題か」特集号)一〇月号
『環境ホルモン―文明・社会・生命』二〇〇三、(「予防原則」特集号)Vol.3
『思想』二〇〇四、(リスクと社会特集号)七月号
Fischhoff, B, Slovic, P. et al. 1978, "How Safe is Safe Enough? A Psychometric Study of Attitudes Towards Thechnological Rishs and Benefits." in Slovic 2000
Shrader-Frechette, K.S. 1991, *Risk and Rationality: Philosophical Foundations for Populist Reforms,* University of California Press
Slovic, Paul 2000, *The Perception of Risk,* Earthscan

執筆者紹介（50音順、○印編者）

金子　勝（かねこまさる）　経済学・慶応義塾大学経済学部教授

一九五二年生まれ。東京大学大学院経済学研究科博士課程修了。東京大学社会科学研究所助手、茨城大学人文学部助教授、法政大学経済学部教授を経て、現職。財政学、地方財政論、制度の経済学を基礎に、現代の経済、政治状況を分析、批判し、さまざまなメディアを通して積極的な提言を活発に展開している。

著書は、『市場と制度の政治経済学』（東京大学出版会、一九九七年）、『反経済学』（新書館、一九九九年）、『反グローバリズム』（岩波書店、一九九九年）、『市場』（岩波書店、一九九九年）、『セーフティネットの政治経済学』（ちくま新書、一九九九年）、『長期停滞』（ちくま新書、二〇〇一年）、『粉飾国家』（講談社現代新書、二〇〇五年）など。

鬼頭秀一（きとうしゅういち）　環境学・東京大学大学院新領域創成科学研究科教授

一九五一年生まれ。東京大学大学院理学系研究科博士課程単位取得退学。山口大学講師・助教授、青森公立大学教授、東京農工大教授、恵泉女学園大学教授等を経て現職（多分野交流演習参加時は、恵泉女学園大学教授）。薬学系の大学院で分子生物学を専攻、途中から科学史・科学哲学に移り、科学論の立場から科学技術と社会の問題について関心を持ち続けている。一九〇〇年代からはグローバルスタンダードになりつつあったアメリカの環境倫理学の思想的な検討を始め、現場を歩きながら、環境の理念に関わる問題を「環境倫理学」として形にしていく学問的試行を重ねた。白神山地の入山規制問題、日本の自然の権利運動（奄美、諫早、霞ヶ浦等）に取り組み、社会学的な調査をもとに環境倫理学的な理念的な議論を提起してきた。最近では、生物多様性保全や自然再生の現場で、生態学者と積極的に対話を行いつつ、人文・社会科学的寄与のあり方を模索している。

著書に『自然保護を問いなおす』（ちくま新書、一九九七年）、『環境の豊かさをもとめて』（単編著、昭和堂、一九九九年）、『講座 応用倫理学講義　2環境』（共著、岩波書店、二〇〇四年）など。

佐藤宏之（さとうひろゆき）　考古学・東京大学大学院人文社会系研究科助教授

一九五六年生まれ。東京大学文学部考古学専修課程卒。法政大学大学院人文科学研究科日本史学専攻博士後期課程修了。博士（文学）。先史考古学、民族考古学、人類環境史が専門。一九九九年より新設された東京大学大学院新領域創成科学研究科環境学専攻に着任し、人類環境史を担当する。人類史と環境の関係をテーマに、旧石器時代と新石器時代（特に縄文時代）の人と環境の交渉史の解明に努めてきた。ロシア極東、日本の東北地方のマタギ等をフィールドとしている。
著書は、『日本旧石器文化の進化と構造』（柏書房、一九九二年）、『ロシア狩猟文化誌』（編著、慶友社、一九九八年）、『北方狩猟民の民族考古学』（北海道出版企画センター、二〇〇〇年）、『小国マタギ―共生の民俗知』（編著、農文協、二〇〇四年）、『ロシア極東の民族考古学』（共編著、六一書房、二〇〇五年）など。

菅　豊（すがゆたか）　民俗学・東京大学東洋文化研究所助教授
一九六三年生まれ。博士（文学）。筑波大学大学院博士課程歴史・人類学研究科中退。国立歴史民俗博物館民俗研究部助手、北海道大学文学部助教授などを経て現職。また、中国中央民族大学民族学與社会学学院客員教授、米国ハーバード大学イェンチン研究所客員研究員などを歴任。専門は、自然や環境をめぐる民俗学。特に中国と日本におけるヒトと動物の関係史、地域の資源利用・管理・所有について研究している。最近は、地域資源への関わりを通じた人間紐帯の構築という実践、応用的課題にも取り組んでいる。
著書は、『修験がつくる民俗史―鮭をめぐる儀礼と信仰―』（吉川弘文館、二〇〇〇年）など。

中下裕子（なかしたゆうこ）　弁護士・コスモス法律事務所、中央大学法務研究科客員教授、千葉大学医学部非常勤講師。
一九五三年生まれ。京都大学法学部卒。一九七九年より弁護士として、「従軍慰安婦」事件やセクシュアル・ハラスメントなど女性の権利に関する事件を手掛けている。一九九八年、一五八名の女性弁護士、五〇名の学際的専門家とともに、ＮＧＯ「ダイオキシン・環境ホルモン対策国民会議」を結成、事務局長に就任。二〇〇三年、「オーフス条約を日本で実現するＮＧＯネットワーク」（略称オーフス・ネット）を結成、事務局長に就任（オーフス条約：環境問題における市民参加の最低基準を定めた国連欧州経済委員会の条約）。化学物質政策の抜本的転換を目指して、上記国民会議や日弁連の活動を通じて政策提言を行うとともに、意思決定プロセスへＮＧＯセクターが参画できるようなシステムの確立を目指して活動している。
著書は、『環境と法律―地球を守ろう―』（共著、一橋出版、一九九九年）、『二一世紀をひらくＮＧＯ・ＮＰＯ』（共著、日本弁護士連合会・公害対策環境保全委員会編／明石書店、二〇〇一年）、『職業としての弁護士』（共著、中経出版、二〇〇三年）、『化学汚染と次世代へのリスク』（共著、日本弁護士連合会著／七つ森書館、二〇〇四年）、『ひとりから始まるⅡ』（共著、三橋規宏編／海象社、二〇〇四年）など。

原　一樹（はらかずき）　哲学・日本学術振興会特別研究員、埼玉大学非常勤講師
一九七六年生まれ。東京大学大学院人文社会系研究科博士課程単位取得退学。ジル・ドゥルーズを中心とする二〇世紀フランス哲学に関する存在論的・政治哲学的研究を展開しつつ、同時に、情報通信技術の浸透がもたらす社

会変容について具体的事象と抽象的理論を往復しつつ考察することに関心を広げている。また、跡見女子学園大学教授倉石あつ子氏、本書編者松永澄夫氏らとともに、一九六〇年代以降四〇年間の日本人のさまざまな暮らしの変遷についての聞き取り調査を行っている。

主要論文は、『ドゥルーズ哲学と〈生〉の概念』（東京大学大学院人文社会系研究科哲学研究室発行『論集二一』・二〇〇三年所収）、『ドゥルーズによるベルクソンの哲学構想の継承と更新について』（哲学会編『哲学雑誌』第七九〇号、二〇〇四年所収）など。

松田裕之（まつだひろゆき）　生態学・横浜国立大学環境情報研究院教授

一九五七年生まれ。京都大学理学部卒。日本医科大学助手、水産庁中央水産研究所主任研究官、九州大学助教授、東京大学助教授などを経て現職。中西準子教授の後任として、生態リスク・マネジメントなどに関する教育と研究に従事。日本生態学会が発行する保全生態学研究の編集委員長、愛知万博の環境影響評価委員、知床世界遺産の科学委員、エゾシカやヒグマの保護管理計画検討委員、植物レッドデータブックの絶滅リスク評価手法の開発、国際捕鯨委員会科学小委員会の日本代表団、世界自然保護基金（ＷＷＦ）日本事務所の自然保護委員などを務め、順応的生態系管理の理論的方法論と実施に取り組む。持続可能な資源利用と生物多様性保全の両立を目指す。

著書は、『死の科学＝生物の寿命は、どのように決まるのか』（共著、光文社カッパサイエンス、一九九一年）など。

○**松永澄夫**（まつながすみお）　哲学・東京大学大学院人文社会系研究科教授

一九四七年生まれ。東京大学大学院人文科学研究科中退。関東学院大学講師・助教授、九州大学助教授、東京大学文学部助教授を経て現職。人が関わるあらゆる事柄について、言葉による地図を作成することを目指す。そのために、自然の一員としての生命体、動物である人間における自己性の問題をはじめ、知覚世界、意味の世界、社会の諸秩序などがどのようにして成立し、互いにどのような関係にあるのか、その順序に注意を払って考察している。伝統的哲学が育んできた諸概念や言葉から自由になって、日常の言葉で、一つ一つの語に改めて適切な内容を盛り込みながら叙述してゆくことを心がけている。

著書は、『言葉の力』（東信堂、二〇〇五年）、『食を料理する―哲学的考察―』（東信堂、二〇〇三年）、『知覚する私・理解する私』（勁草書房、一九九三年）『私というものの成立』（編共著、勁草書房、一九九四年）、『フランス哲学・思想事典』（共編著、弘文堂、一九九九年）など。

環境　安全という価値は……　※定価はカバーに表示してあります。

2005年11月30日　初　版第1刷発行　〔検印省略〕

編者© 松永澄夫／発行者 下田勝司　印刷・製本／中央精版印刷

東京都文京区向丘1-20-6　郵便振替 00110-6-37828　発行所

〒113-0023　TEL (03)3818-5521　FAX (03)3818-5514　株式会社 東信堂

Published by **TOSHINDO PUBLISHING CO., LTD.**

1-20-6, Mukougaoka, Bunkyo-ku, Tokyo, 113-0023, Japan

E-mail : tk203444@fsinet.or.jp　http://www.toshindo-pub.com/

ISBN4-88713-639-0　C3000

東信堂

書名	著者	価格
グローバル化と知的様式—社会科学方法論についての七つのエッセー	J・ガルトゥング 矢澤修次郎・大重光太郎訳	二八〇〇円
階級・ジェンダー・再生産—現代資本主義社会の存続メカニズム	橋本健二	三二〇〇円
現代日本の階級構造—理論・方法・計量分析	橋本健二	四五〇〇円
再生産論を読む—バーンスティン、ブルデュー、ボールズ＝ギンティス、ウィリスの再生産論	小内透	三二〇〇円
教育と不平等の社会理論—再生産論をこえて	小内透	三二〇〇円
現代社会と権威主義—フランクフルト学派権威論の再構成	保坂稔	三六〇〇円
共生社会とマイノリティへの支援—日本人ムスリマの社会的対応から	寺田貴美代	三六〇〇円
現代社会学における歴史と批判〔上巻〕—グローバル化の社会学	武川正吾 山田信行 編	二八〇〇円
現代社会学における歴史と批判〔下巻〕—近代資本制と主体性	片桐新自 丹辺宣彦 編	二八〇〇円
ボランティア活動の論理—阪神・淡路大震災からサブシステンス社会へ	西山志保	三八〇〇円
現代環境問題論—理論と方法の再定置のために	井上孝夫	二三〇〇円
日本の環境保護運動	長谷敏夫	二五〇〇円
環境のための教育—批判的カリキュラム理論と環境教育	J・フェイン著 石川聡子他訳	二三〇〇円
イギリスにおける住居管理—オクタヴィア・ヒルからサッチャーへ	中島明子	七四五三円
情報・メディア・教育の社会学—カルチュラル・スタディーズしてみませんか？	井口博充	二三〇〇円
BBCイギリス放送協会〔第二版〕—パブリック・サービス放送の伝統	簑葉信弘	二五〇〇円
ケリー博士の死をめぐるBBCと英政府の確執—イラク文書疑惑の顛末	簑葉信弘	八〇〇円
サウンドバイト：思考と感性が止まるとき—メディアの病理に教育は何ができるか	小田玲子	二五〇〇円
記憶の不確定性—社会学的探求	松浦雄介	二五〇〇円